目錄

開創一個全新的軍陣醫學世紀

國防醫學院現任校長　林石化

當我第一次看到這本《迷彩軍醫－－軍陣醫學實習日誌》，看到了國防醫學院軍陣醫學的新風貌，看到原來我們嚴肅的軍陣醫學實習原來可以用日誌風情來呈現樣貌，將這樣豐富多元的救命哲學用輕鬆年輕的筆調綻放新生命，很吸睛迷人。因為原本軍陣醫學的內容就是歷經流血流汗所堆砌而成的醫學，如何吸引更多人瞭解我們軍陣醫學的內涵，以中文文字表達的方式也許是最直接的方式，以出版書籍的模式更是價值創新。

我於 2018 年 3 月接任國防醫學院校長職務以來，推動全新的軍陣醫學教育是國防醫學院的重點教育目標，如何培育未來全方位的軍醫人員，讓這群國軍未來的救命種子深耕發芽是我衷心期盼的治校理念。世界的輪軸正以飛快的速度轉動，我們的教育模式更需創新卓越，當每年五月底國防醫學院的學生接受《軍陣醫學實習》的關鍵時刻，就是點燃未來國家充滿救命哲學的年輕魂魄的未來希望。我願這群學子在軍醫養成教育的時刻，能夠牢記軍陣醫學是我們國防醫學院存在的價值，就像《迷彩軍醫－－軍陣醫學實習日誌》一書中呈現的精神所在。

104-106 年國防醫學院由於教育部教學卓越計畫的挹注，我們的軍陣醫學教育有了全新不同的風貌，以模擬醫學為主軸的情境演練，讓我們的學生接受了精實豐富的軍陣醫學之旅。我個人欣然樂見國防醫學院長期推動軍陣醫學教育的陳穎信醫師，帶領國防醫學院的師生寫下他們軍陣醫學實習的故事，這裡頭紀錄的不只是軍陣醫學的內涵，更充滿了無限生命的樂章，因為唯有吸引人文字閱讀，這樣的文字之美才更有影響力，我從這本《迷彩軍醫－－軍陣醫學實習日誌》看到了無限的生命力正在蔓延。

我期盼有更多人能夠一窺軍陣醫學之美，不只在軍事學校內推動教育訓練，這樣我們的能量方能擴大，才能吸引更多優秀的年輕生命獻身軍醫行列。在五南圖書出版公司即將出版《迷彩軍醫－－軍陣醫學實習日誌》的時刻裡，願我們國防醫學院最經典的軍陣醫學之美能夠讓更多人看見，無論在學校宣傳、校務評鑑、外賓參訪，招募新生、校友凝聚等都具有畫龍點睛的功效，願這本《迷彩軍醫－－軍陣醫學實習日誌》的發行能開創一個全新的軍陣醫學藍海。

林石化

二〇一八年五月十四日

軍陣醫學，青春無悔

國防醫學院校長　司徒惠康

一九四五年春天，二戰隨著太平洋戰事進入最後階段，沖繩島的美軍遭遇前所未見的慘烈苦戰，雙方傷亡人數超過十六萬人。戴斯蒙・杜斯（Desmond Doss）身為軍醫，憑藉一己之力來回穿梭槍林彈雨中，拯救了七十五名重傷同袍的生命。同年十月，杜斯從杜魯門總統手中接過榮譽勳章，成為美國史上最偉大的二戰英雄。他從軍的理念，就是「我上戰場，為了救人。」

其實，軍陣醫學作為現代西洋醫學次專科，在西方約莫可上溯自歐陸「拿破崙戰爭」（Napoleonic Wars, 1799－1815），當時的技術重心在於軍事外科。十九世紀中葉後，隨現代醫學的發展而有快速進步，其中以普魯士陸軍之軍事救護與軍醫專科教育尤為醒目；日本明治政府自一八七〇年代起即師法普魯士陸軍為改革張本，亦將其軍醫教育引入而成立陸軍軍醫學校；中國直至甲午戰敗方才驚醒，汲取近代醫學經驗基礎上逐漸展開，北洋軍醫學堂（本校的前身）遂應運而生。此後，從清末東北防疫作戰、民初兵燹出生入死、抗戰烽火救死扶傷、國共內戰轉進臺灣、台海戰役救我制敵、援外軍醫義助邦交、災難搶救仁心仁術……等不同階段，皆可見一群群外披白袍衣、內燃迷彩魂的年輕校友揮灑青春，絡繹不絕。

本校於張德明院長時期成立「戰傷暨災難急救訓練中心」，俾利整合戰傷醫療技術及再汲取新知，培養優質軍陣醫護人員為國所用。尤有甚者，舉辦多場「災難醫學研習營」、「空中救護教育課程」投注許多心力，以強化基層官兵對重大災害的搶救技能，功效卓著；冀望延續戰傷教研能量累積，本校特別安排為期兩週的「暑期軍陣醫學訓練」，提供學員生將來可能面對相關緊急狀態的認知與能力。

尤其，在課程負責老師陳穎信醫師及其助理王皖龍先生的認真指導之下，師生互動良好且激發心得豐富多元，若未及時留下寶貴記錄，誠屬憾惜。因此，遂有這一本《迷彩軍醫──軍陣醫學實習日誌》的撰寫構想。本人先睹為快，肯定創意可嘉！

前述美國軍醫戴斯蒙・杜斯在沖繩島一役的英勇事蹟，已獲得好萊塢影星梅爾・吉勃遜（Mel Colm-Cille Gerard Gibson）青睞，親自執導新片〈鋼鐵英雄〉（Hacksaw Ridge），即將以真人實事改編的戰爭史詩片重新觸動觀眾；同樣期待本校《軍陣醫學實習日誌》亦能盡速付梓，傳承前賢壯志並啟迪後學效法，讓這一份熱血青春的感動力量～源遠流長。

司徒惠康

二〇一六年十月二十六日

教育長序

國防醫學院航太及海底醫學研究所教授 黃坤崙

秋高氣爽的午後，一群國醫「正規軍」報名參加河濱公園的「迷彩嘉年華—全民國防運動」擺位展演，展現出這群熱血青年對迷彩世界的熱愛。今年夏天，學長姐們在專為新生舉辦的國醫之夜晚會上賣力演出，博得滿堂喝采，在歡樂笑容的背後，隱約看得出這群年輕人對陸官入伍訓練有一絲不願說出口的懷念。順著時序回顧到五月底，當各大專校院學生正在籌劃準備暑假遊玩地圖的同時，一群剛結束三年級課堂課程的國醫學生們，正在體驗國醫暑訓課程—軍陣醫學實習。

兩週八十小時的課程，以高山甚至航空醫學和潛水甚至潛艦醫學為經，預防醫學和災難醫學為緯，內容涵蓋既深且廣，是國防醫學院最引以自豪的軍陣醫學課程。個別來看，單一課程內容甚為平常，並無過人之處；但經過整合，再加上最後兩天的實地參訪，就成了醫學教育領域中絕無僅有的特色課程。然而，在過去二十年來，由於教學經費挹注不足，這些課程一直是紙上談兵，僅限於表演形式的授課，難得能引起學生們的興趣，所幸，在司徒校長的帶領下，學校獲得教育部教學卓越計畫的經費補助，再加上陳穎信醫師的積極規劃整合，以及助理王皖龍的聯絡安排，讓這課程能以嶄新的面貌和內容呈現，提供學生們實際操作體驗的機會。因此，這個整合課程也就隨之以「軍陣醫學實習」

命名，不但名符其實，也讓課程增添許多活潑的元素，師生們更是津津樂道。

凡走過必留下痕跡！文采豐富的國醫學生們怎能讓這美好的經驗從記憶中流逝。在暑訓課程協調會議上，個人提議請教卓辦公室助理們直接參與課程授課及演練的記錄工作，並在課後提供照片或影片給學生們，將這寶貴的經驗和心得集結成冊。國醫的學生個個資質聰穎才華洋溢，只要給他們一個舞台，他們就可以恣意揮灑展演出無限的可能。軍陣醫學實習日誌以劇本的寫作方式呈現，是我不曾想過的創意；將日誌出書並發表，更是出乎我意料之外。個人相信這日誌將成為國醫史上重要的出版，也期許軍陣醫學授課與學習的經驗傳承能成為國醫文化的一環，源遠流長。

教務處長序

國防醫學院公共衛生學系教授 高森永

國防醫學院的學生很辛苦：要當國防醫學院的學生真的很辛苦，因為除了跟其他醫學院校的學生一樣，每年都有上下學期的教育課程之外，還多冒出來將近一學期的暑期訓練課程。包括新生入學前的暑期入伍訓練，一升二年級暑期的正分班衛勤和EMT-1急救訓練課程，二升三年級暑期的博雅教育與志工服務學習，以及三升四年級暑期的軍陣暨災難急救訓練課程（今年更名為軍陣醫學實習）。每年六～八月當其他醫學院校的學生正在開心享受漫長暑假的同時，國防醫學院的學生則身著草綠服或全副武裝，或在烈陽下、或在操場上、或在教室內、或在中庭中接受嚴格的必修零學分訓練課程。是很辛苦，但他們的汗不會白流，因為國防醫學院的學生正在成長蛻變，在他們身上慢慢散發出一種與眾不同的氣質……。

國防醫學院的學生很幸福：當國防醫學院的學生雖然很辛苦，卻也很幸福，因為他們擁有其他醫學院校學生所沒有的特殊關懷，有凡事以學生福祉與未來發展為考量的校長之前瞻領導，有以學生為中心的行政團隊，有對學生生活起居照顧無微不至的隊職幹部，有身兼傳道授業解惑並不斷自我精進的教師群。有別於其他醫學院校的教師，國防醫學院的老師們除了學期間的專業課程授課之外，也多擔任輔導學生心靈與生活導師，更主動積極投入暑期訓練課程。各學系老師與校部師長犧牲假日每週輪流南下陸軍官校給在接受入伍訓練的新生們加油打氣；通識教育中心的老師們每年都絞盡心思，希望能安排出豐富多元的博雅教育課程；基礎與臨床老師也熱心參與指導國內與國際志工團的組訓與帶隊任務；戰傷中心陳穎信主任每年都為軍陣暨災難急救訓練課程設計傷透腦筋，因為同學的年級愈高，對課程內容與品質的要求也愈高，今年別出心裁的創新課程設計，從本文中同學們專業生動的描述所學所獲與所感觀之，今年的軍陣醫學實習課程是十分成功的。同學們以【實習日誌】的方式忠實又感性的記載學習歷程，既富創意又對歷史負責，也是對穎信主任的努力付出給予高度肯定的另類回饋。

國防醫學院的學生很不一樣：從既辛苦又幸福的環境中孕育出來的國防醫學院學生當然很不一樣。國防醫學院的學生跟其他醫學院校的學生一樣，除了專業領域須通過全國性的國家考試，以及每年都有上下學期正規的專業教育課程之外，本校學生很不一樣的地方在於身體力行，許多課堂上抽象的專業知識與倫理規範有機會去實踐，暑期的教育訓練課程就是提供這種做中學（learning by doing）的機會，而且是有具體教育目標，非常有組織、有系統、有效率的學習課程。在這本【迷彩軍醫—軍陣醫學實習日誌】的字裡行間處處流露同學們對於狀況的處置既能獨立思考，更能與人合作，重視團隊精神，有主見亦重紀律；也能充分展現課堂所學的專業技能，就連難以言喻的同理心與利他精神也在本文中表露無遺。具有這些允文允武特質的國防醫學院學生和其他醫學院校的學生站在一起，當然不難被分辨出來，因為您們真的很不一樣……。

從戰場到人群　看見全新的國軍軍陣醫學教育

國防醫學院醫學系教授兼主任　查岱龍

二〇一六年十一月初，我與三軍總醫院的許多同仁前往位於新竹尖石鄉的高山部落司馬庫斯進行為期兩天的義診，山路雖然顛簸，卻無法阻斷我對『迷彩軍醫—軍陣醫學實習日誌』高昂的閱讀興致。這是一本由長年全心投入於軍陣醫學教育領域的傑出熱血軍醫—陳穎信大夫帶領一群親身接受「軍陣醫學教育」洗禮的國防醫學院新生代學弟妹共同寫下的「實習日記」；本人因受邀寫序，故而能先睹為快！

在年輕學弟妹們輕鬆、詼諧的筆觸下，「軍陣醫學」領域裡專業嚴肅的課題，化作一篇篇親切易讀的「故事」；而這些故事，來自青春、熱血的年輕生命的真誠分享，讀來真的是笑中帶淚、趣味橫生，完全顛覆了一般大眾對軍陣醫學「神秘、冰冷、教條」……等陳舊、刻板的印象，讓我忍不住大大拍手叫好，打從心底肯定這本即將問世的作品的重要價值！它讓「軍陣醫學」走出了學術的象牙塔、走出了孤寂的戰場，真正進入一般民眾能夠了解、能夠感同身受的尋常人家。

曾經，軍陣醫學被嚴肅地定義為「以照顧所有軍中部隊人員的健康、完成軍隊的醫療救援為主要任務」；而如今這個「軍民一家親」的時代，「軍陣醫學」服務、奉獻的對象，更擴及到「支援一般百姓的醫療照護」。就以近年來所發生的重大社會事件為例~

九二一大地震、軍隊彈藥庫爆炸、復興航空空難、八仙塵爆……，都可以看到「軍陣醫學」對災變事故緊急救助的著力與成效——透過國醫中心醫師及醫事同仁冷靜、專業的現場醫療處置，將意外傷害造成的傷亡影響降到最低。而這樣的成績，絕對來自於平日長期、嚴謹的專業訓練，當然，醫護同仁的熱血仁心，更是軍陣醫學的核心價值與成功關鍵！

三軍總醫院從烽火狼煙的戰地軍事醫院發展到如今以「全心服務、全人照護」深受人民信任與肯定的大型教學醫院，一路走來，雖是篳路藍縷，但也因著許多前輩的努力耕耘與付出，而積累出了大量又獨特的軍事醫療經驗，讓後進晚輩得以有更多元的方向可以學習，進而多方面的去印證。身為一位資深軍醫、一位軍陣醫學的學習者、實踐者甚至是帶領者，我深切地自我期許能為與全民息息相關的軍陣醫學教育貢獻一己之力，當然我也非常期待能有更多的有志青年，能因為真正瞭解了軍陣醫學的重要性，而熱烈、認真地投入這一領域的學習！

如今「迷彩軍醫——軍陣醫學實習日誌」的出版，讓我的期待更往前邁進了一大步！它就像一座友善的橋樑，讓軍民能夠跨越隔閡，拉近彼此的距離；也讓軍陣醫學教育，有了令人耳目一新的呈現！在此再次感謝　穎信兄與軍陣醫學教育領域的老師與學生們的一切努力，因為你們，讓我們得以感受到軍陣醫學教育的新能量，當然，我也絕對相信——因為有你們，人民百姓更有可能迎接一個有備無患、安全無虞的未來！

軍陣口腔醫學之獨特性

國防醫學院牙醫學系教授兼主任　謝　義　興

「迷彩軍醫」為本校牙醫學系與國內民間學校牙醫學系最大的不同，在本校學生於養成教育中，增添了不一樣的色彩。本校的醫學生養成教育中，除了一般醫學訓練外，加入了獨一無二的軍陣醫學，畢業後分派至基層部隊擔任牙醫官，不僅要守護部隊軍士官口腔健康，更要學習配合各部隊特性，承擔多項任務，「軍陣口腔醫學」更成為特色發展。戰場所執行軍事行動中，以大出血和中樞神經系統損傷為致死之主要因素，常見致死受傷部位以頭頸部造成影響甚鉅，平時結合臨床模具演練，提供戰時第一線牙醫官能在資源有限情況下，發揮救命任務。在養成教育中，針對緊急顏面部外傷處置，發展出能在負傷下以單手操作方式下進行上止血帶止血與傷口包紮的繃帶，緊急呼吸道維持，初次生命徵象評估，進而後送後之顏面部治療，包括開放性骨復位手術、顏面部上下顎骨骨缺損重建、上下顎咬合功能重建、軟組織缺損重建等，使牙醫師的訓練，更加多元，更符合時代所需。

在現代社會中，生活步調快速，意外事故的發生頻率也越來越高，像是交通事故、運動傷害、職業災害、高處墜落，甚至是鬥毆事件等造成的顏面部外傷，都是急診室中常見的情況，其中不乏嚴重的顏面外傷造成顏面部骨折、牙齒斷裂甚至喪失且伴隨著齒槽骨缺損的案例，所幸平時軍陣口腔醫學的養成教育，較大範圍的重建可藉由牙科電腦斷層掃描，評估齒槽骨缺損的範圍及大小，再選擇適當的骨移植手術。在顏面部軟組織外傷部份，藉由大體模擬手術教案，學習如何操作動脈結紮手術，作為顏面部大出血處理的基本技能。藉此培養出優秀的專業人才，以造福所有創傷或疾病之患者。

在軍事迷彩的薰陶下，軍陣口腔醫學結合臨床研究，發展出顎顏面外傷治療及重建、顳顎關節外傷後治療、外傷後骨缺損之植骨與植牙重建、外傷後顎面歪斜與齒顎不正之正顎手術。另外也戮力於口腔癌之臨床治療、口腔癌臨床及基礎研究之結合。善用各專科及醫科次專科進行不同領域的合作，並結合國防醫學院基礎研究之能量，達成提升牙醫學學術研究及臨床運用相輔相成的發展。

看了本書後，相信你會更了解國防醫學院的獨特性，同時你也能更深入理解正值青春年華的同學，因選擇了「迷彩」，他的一生變得更精彩了。

災難應變是可增強的能力

國防醫學院護理學系教授兼主任　廖　珍　娟

年輕只有一次，青春不能重來。歌德曾說：「創造一切非凡事物的那種神聖爽朗的精神，總是同年輕時代和創造力聯繫在一起的。」為期兩週且三個學系的同學共同參與的「軍陣醫學實習」，同學們以《迷彩軍醫—軍陣醫學實習日誌》忠實地記錄了「戰術醫療、緊急救護、野外醫學、戰術救援、災難救援、潛水救護、空中救護」等課程；實施高級救命術、高山醫療技能、初階水肺潛水救援及空中救護訓練；傷患收集與醫療後送等作業程序及熟悉高海拔地區或海上救援經驗與注意事項，體認空中緊急醫療任務各項環節與程序要領；藉由親自操作、練習、體驗，讓同學們更加熟練戰傷暨災難急救專業知識、法則及效能，這樣的紀錄傳承，真的難能可貴。

醫療體系的災難應變是一種可教育、可增強的能力，經過準備與演習，可以減少災難的可能及危害。災難的處理不只是災難發生之後的應變，也包括了災難之前的減災與準備。尤其在災難未發生時，準備及演練；災難發生時的人力調派與立即有效資源投入；災難發生後期健康重建與促進；這些都有賴大家在不同的工作崗位共同努力；持續發展各種實體實作教學，加強醫勤人員於戰時急救的能力，同時於現有教學模式中找出改良方案，期能落實軍陣醫學訓用合一目標，確保國軍災難搶救及戰傷救護的品質能與時俱進、精益求精。

楔子－展翅高飛 M85 陳穎信

楔子—展翅高飛

M85 陳穎信醫師
國防醫學院醫學系課程委員會軍陣醫學組組長
軍陣醫學實習課程負責教師

我是一名軍人，也是一位醫師。

身為一位軍人與醫師，也就是軍醫，到底與一般醫師有何不同呢？

如果你問我這樣的問題，

我會直接回答說，因為我國軍醫的搖籃，

也是唯一的軍事醫學院校—國防醫學院，

訓練出來的軍醫身上都背負著一個救人的神聖使命，

他們都必須接受軍陣醫學的洗禮。

什麼才是軍陣醫學呢？

簡單地來說，與軍事相關的醫學。

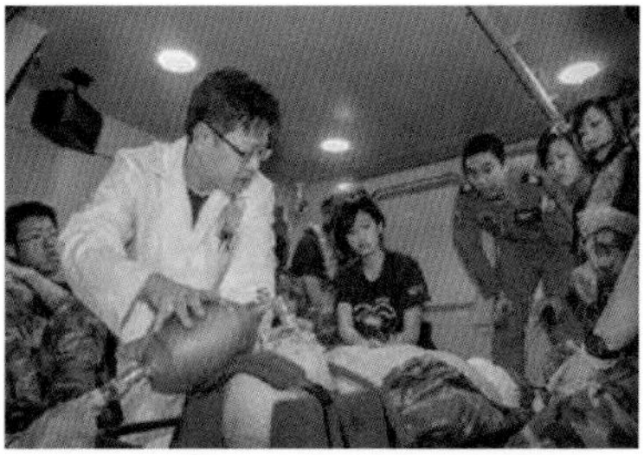

我們可以想像在戰爭中軍醫的模樣，
在槍林彈雨中為了拯救同袍的性命，出生入死。
現今的現代化軍醫背負更多的國家與社會責任，
無論緊急救護、災難醫療、戰術醫療、創傷處置、
核生化防護、航空生理與醫學、海底醫學、野外醫學等等。
從平地到上山下海，全方位陸海空實務體驗訓練，
樣樣都須接受磨練。

能立志成為一位頂天立地的現代化軍醫，
在醫學生的養成教育中，
軍陣醫學實習是一門非常重要的課程。
更是讓醫學生脫胎換骨、體驗軍陣醫學精髓的必修課。
當這些軍醫的種子播種後，唯有勤訓精練，有備無患，
才能在未來可能的戰爭與災難急救過程中，救死扶傷。

軍陣醫學實習的目的就是為救命而訓，如同醫師誓詞中，

我將會保持對人類生命的最大尊重，
我鄭重地、自主地並且以我的人格宣誓以上的約定。

擔任軍陣醫學實習總教官以來，思緒隨著「軍陣醫學實習」這些既嚴肅又精實的字眼輾轉難眠。我總是想到以前的人事時地物，轉眼間，我由迷彩大叔轉換到了少年時的高中時代。

「距離聯考僅剩六十天」寫在黑版上的警語似乎催促著時間飛快奔逝。

一九八四年的春天，高雄中學的第一棟紅樓裡，高三三組的同學正在準備即將來到的大學聯考，這群丙組的高中生在拼鬥三年後即將邁向戰場，面對決定未來命運的一場重大考試。

「除了大學聯考外，記得報考軍事聯招，國防醫學院是所非常好的學校。」高雄中學高三三組的生物王文耀老師在課堂上不時地提醒這群即將奔向未來的學子。

三個月後，在台灣南部的一個小村莊裡，震耳欲聾的爆竹聲響徹了每條巷弄，而「金榜題名」四大字在拉下的半邊鐵門上又顯得格外搶眼。這戶人家的長孫今年考上了國防醫學院醫學系，在鄉下地方，有子弟能夠考上醫學系是地方大事，親朋好友、街坊鄰居紛紛登門祝賀，這是在城市中司空見慣但在鄉下卻難得一見的場景。

「信啊！明天一早就讓阿公帶你搭火車到台北水源地—國防醫學院報到」「去台北讀書就要乖點，要認真讀書，聽長官的話，才不會跟不上別人。」母親殷切叮嚀仍縈繞在耳畔，三十二年前的回憶湧上心頭，心中充滿著對母校的滿滿感謝。

炎熱的暑假終於要來了，一早太陽就照耀大地，令人不敢直視。

時至二〇一六年五月底，也正是軍陣醫學實習課程開課前夕，總教官心中不停地盤旋思量，如何將這盤菜炒得色香味俱全，讓這一百五十多位的學生品嚐獨一無二的軍陣醫學實習大餐。

這是一個讓醫學生蛻變成優秀軍醫的課程，而在這群來自各地的醫學生用心參與下，想必一定能讓全新的軍陣醫學實習課程染上充滿笑容和知識的豐富色彩。

三年前懵懵懂懂的高中畢業生，面對未來的人生挑戰，究竟懷著什麼樣的理想或抱負呢？

課堂上軍陣醫學實習總教官正問起這些學生說：

「你們為何要來唸這個學校？大家來分享一下。」

學生們對這個話題感到有些錯愕，有點嚴肅與私密，正在思量如何表達。空氣凝結氣氛延續了一會兒，開始有同學說起當時來就學的初衷，此起彼落。大教室中將近一百六十位的三年級生正七嘴八舌地向身旁的同學發表著當時就讀的動機，伴隨著他們生動活潑且充滿自信的發言，緩緩地進入了他們的故事中。

教室裡坐在第一排的認真清純的女孩想著——

「爸！我考上國防醫學院了，是我夢寐以求的學校。」住在菊島還留著辮子的女孩微笑地說著。

「孩子，恭喜妳要進醫學院了，未來要當個優秀的白衣天使！」退伍軍人的父親笑著彎了雙眼望著女孩。

「妳未來學校畢業的護理人才輩出，在臺灣護理界影響深遠，妳要加油喔！」屋內洋溢著山東籍的父親驕傲且溫暖的口語。

「爸你別擔心，我一定會成為一位護理界菁英，替我們家族爭光。」女孩眼神閃耀堅定自信。

活潑好動的男孩迫不及待想要分享他當時考上第一志願的興奮——

「夥伴們，跟你們說個好消息，我即將讀國防醫學院牙醫學系喔！我考上了。」

「我父親是國防醫學院畢業的牙醫師，我從小就想跟爸爸一樣當牙醫，如今終於夢想成真。」這位帥氣男孩的眼神充滿了驕傲。

「據說國防醫學院師資與設備非常好，同時生活規律，學長非常照顧學弟。」當中一位好友聊天說著。

「麻吉欸，你也太讚了！以後你當牙醫就可以讓你看牙齒，你要優惠打折啊！」臺北市區速食餐廳內熱鬧哄哄，一群幾個星期前考完指考的年輕人興高采烈地談論著未來。

還有人內心卻不斷回想著迥然不同的劇情——

「剛郵差寄來的信是什樣東西？拿過來看一下。」坐在南部雜貨店裡的母親狐疑地問著。

「哇！是國防醫學院正取錄取通知單，太好了。」母親神采飛揚地大聲叫喊。

「媽！我這次大學聯考沒有考好，我有點想重考？」男孩本想藏起來這個不速之客的信封，既期待又怕受傷害，表情凝重吞吞吐吐地回答。

「醫學院捏，別人考還考不上，求之不得，你怎會想重考？」

「家裡有你們這五個兄弟姊妹，經濟負擔很重，一定要去讀，既然考上醫學系了，何必多此一舉再重考。」

「我問了你北醫畢業的四叔與高醫畢業的五叔，他們都非常贊成你去唸國防醫學院。你四叔還說國防醫學院培養出來的醫師非常優秀，在醫學界中許多響叮噹的人物都是國防醫學院畢業的！」母親正苦口婆心的勸說男孩。

在一些同學發言過後，課堂中充滿了各種情緒互相激盪。

「不管你們來到這個學校的理由是如何，既來之，則安之。既安之，則光大之！」

總教官義正詞嚴的接著說：

「我是國防醫學院醫學系八十五期畢業的校友。」

「三十二年前我也考上了這個學校，雖然剛就學前兩年在意志與現實中徘徊許久，但我仍選擇了這個能夠磨練醫學專業與堅毅個性的好所在，永不後悔。」

「自從畢業後選擇急診醫學，學習到各式的急救技術，再危急的個案也是兵來將擋、水來土掩。」

「能夠將病人從鬼門關裡搶救回來，是最大的快樂與成就！」

「面對SARS風暴，我在急診仍與病毒奮戰，絲毫沒有畏懼。」

「八仙塵爆湧入的傷患，急診首當其衝，唯有克盡職責盡力醫治才是使命。」

「從事軍陣醫學的各式教育訓練是我立下的心願。」

「選擇了國防醫學院，就是最明智的抉擇。感謝學校栽培了我，將來我一定要貢獻所學回饋我們的母校。」這位身穿白袍的醫師學長誠懇地娓娓道來他的心路歷程。

許多同學耳畔似乎還迴盪著醫師學長鏗鏘有力的座右銘：

「一日國醫人，終身國醫人。」

「今日我以國防醫學院為榮，明日國防醫學院以我為榮。」

「這個超過百年歷史的醫學院，有許多豐富的軍陣醫學寶藏，等著你們來挖掘！」

書中人物如肇亨、傑凡、安邦、道雅、沛瑄、景翔、仲邦、健綸、志軒、文中、璞鈞、靜香、威恩、晨信等這十四位來自全國各地的醫學生，身世背景不同、個性想法不一，理想更是相異，但是他們都選擇了國防醫學院當終身志業。

一晃眼，遠離高中生涯已經過了三年了。這個夏天，這群醫學生體驗了前所未有的軍陣醫學實習課程，多元且豐富。這本「迷彩軍醫」就是穿著迷彩軍服、洋溢青春氣息的醫學生，認真地刻劃出年輕人心中的渴望與執著。透過這些年輕人的筆觸，國防醫學院的學生就像鷹群一般準備展翅高飛、迎向未來。

展翅高飛　　王澤蔚 拍攝

人物特寫

第一章：高級救命術

肇亨：積極進取的優秀青年，希望以後可以成為仁心仁術的好醫師，所以上課都會很認真聽講，喜歡出國旅遊、健行登山。

傑凡：比較隨性，肇亨的好麻吉，吃喝拉撒都混在一起，跟肇亨一樣希望在未來能以醫師的身分幫助更多人，也是喜歡出國旅遊。

第二章：災難醫學

安邦：個性較急燥，喜歡開玩笑，常常忘東忘西，丟三落四，但是本質上是個好人。

道雅：安邦的死黨，以看安邦手忙腳亂的處理事情為樂，但是一定會在安邦需要幫忙時伸出援手，未來想要成為醫生。

第三章：災難搜救技能

李沛瑄：活潑熱血好動的少女，喜歡運動，挑戰極限，也是個花癡，面對猛男肌肉招架不住。

第四章：戰術醫療

景翔：一個個性活潑喜歡追根究底的少年，熱愛運動，喜歡嘗試新事物，未來想成為一位很厲害的人。

仲邦：陽光美男子，文質彬彬的他同時也具備優秀的運動細胞，因此迷倒眾多女性，和景翔是好朋友，喜歡討論 **Pusheen** 和各種談天。

第五章：野外醫學

健綸：算是天才型的學生，對於已知或是沒興趣的東西就是全然的無視，不過對於自己有興趣的事物，就會打破砂鍋弄到懂為止。

志軒：對於任何的機會都積極學習，求知慾旺盛，雖然沒有那麼聰明，但是懂得團隊合作，並且會讓健綸陪著他一起去學習。

第六章：創傷處置

肇亨：動手做的方面似乎比較沒信心，然而思考上總比別人快一點。

傑凡：雖然比較隨興，頭腦運轉速度也不快，但對於外科手術類很有一套！

第七章：輻傷防治與生物防護

文中：個性樂觀、生性好動，假日時光最喜歡外出騎腳踏車、爬山或慢跑，也樂於嘗試各樣的活動。暑期軍訓課程對他來說是很新鮮有趣的事，加上各樣的操作課程增添精彩，對於輻射傷害、生物防護又特別感興趣，期待將所學應用在生活中。

璞鈞：喜歡運動，熱心助人。同學課業上遇到問題，他總是細心教導。

第八章：航空生理與醫學

第九章：海底醫學

靜香：品學兼優好學生，喜歡潛水，對海底醫學具有強烈興趣。

威恩：喜歡靜香，也喜歡海底醫學，對於新事物充滿好奇，有些好大喜功，勇於表現挑戰新事物。

晨信：認真向學，對於軍陣醫學特別有興趣，夢想成為能幫助眾人的人，相較於威恩而言，個性較沉穩。

第一章

高級救命術 M113 高肇亨/賀信恩

高級救命術

才剛度過期末考各式轟炸，肇亨便著手申請出國公文、護照等事，為自己珍貴的暑假好好規劃行程。但本來就很疲憊的他，又經歷如此繁文縟節，身體狀況亮起了紅燈，體溫攀升，只好到急診室報到。

賀信恩 繪圖

本來肇亨擔心自己會不會因為幾天前在病理實驗室裡偷吃零食吃出腸胃炎，所幸只是睡眠不足，免疫力低下導致上呼吸道感染而已。「有時候真的很希望自己是其他醫學院的學生呢！」肇亨跟身邊的麻吉發牢騷，「考完期末考就可以躺在床上睡到自然醒，接著無憂無慮地出國享受假期，不像我們一考完期末考，還得留在學校接受暑訓⋯出國也要先行報備還有申請公文，真的挺煩人的！」

註：【國防醫學院為中華民國軍校，依照規定軍校生在出國前，須上呈公文至國防部核准，否則是不能出關的。】

新的一週就要展開暑訓了，今年的課程內容有別於往年，是將軍事課程與學期間所學的知識結合的「軍陣醫學實習」，對肇亨來說是全新的體驗。

收假後隔天，早上六點起床集合，緊接著吃早飯、著上迷彩服準備去上課，儘管一路都昏昏沉沉的，身體也不大舒服，但一想到今天的課程是高級救命術的深入講解，原本就對這方面興致勃勃的肇亨也就強打起精神，就算拖著病懨懨的身體也要去上課。原來，肇亨小時候曾目睹一位長輩倒在面前，儘管當下嚇傻了，但慌亂中仍然記得先打 119 並大聲呼救，使這位長輩得以及時獲救；也就是從那時起，肇亨立下志願要成醫師。

賀信恩　繪圖

一邊回憶一邊步進教室，映入眼簾的是站在台前、身穿白袍的醫師學長，從厚重的眼皮可以看出前幾天一定值了不少班，休息時間和自己一樣不夠、或許比自己更少，但那老練的臉龐、自凡的口吻以及神采奕奕的笑容，還真讓人察覺不出一絲疲憊，倒是生龍活虎地用響亮的開場白為軍陣醫學課程拉開序幕。

「在戰場上，對於一名沒有意識、失去呼吸心跳的士兵，首要之務是確保他的生命狀況，並啟動救護生命之鏈。對我們軍醫而言，有病患的地方就算是我們的戰場；我們憑甚麼跟死神搏鬥，爭取每一分每一秒的黃金時間來救治病患？靠的就是今天上課所學的知識。」

甫通過 EMT-1 訓練的肇亨想到了先前學習到的基礎救命術——「心肺復甦術」，也就是 CPR，但實際應用卻不怎麼熟稔，也不是很確定在整個救護團隊中，CPR 等緊急救護術該如何運用，更對接下的高級救命術感到很陌生。

「你們都學過二〇一五年美國心臟協會公告的最新版的 CPR 了嗎？」醫師學長大聲地問著所有同學。

小辭典：

CPR 也就是 Cardio-Pulmonary-Resuscitation，中文又名「心肺復甦術」。

EMT-1（Emergency Medical Technician-1），就是初級救護技術員，可執行簡易急救如病患生命徵象評估、使用自動心臟電擊器等。

小辭典：

生命之鏈（Chain of Survival）

IHCA （In-Hospital Cardiac Arrest）（院內心跳停止）

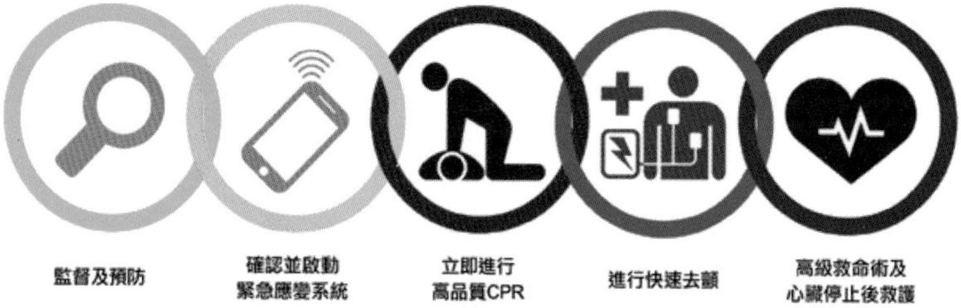

OHCA（Out-of-Hospital Cardiac Arrest）（院外心跳停止）

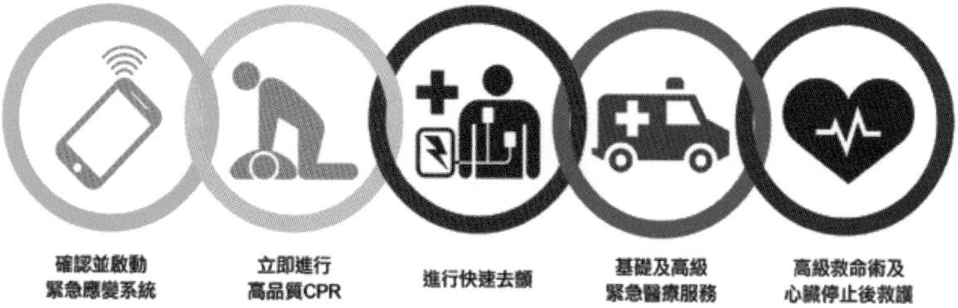

賀信恩 製圖

（參考 2015 AHA CPR & ECC Guidelines）

亟欲瞭解高級救命術中團隊合作箇中奧秘的肇亭，感到身體有股熱血脈動，整個人沸騰似的（不知道是不是因為昨日發燒的緣故），這門課激起了他旺盛的求知慾！凡是肇亭好奇的事物，他肯定打破沙鍋問到會為止。

隨著老師快速而有力的口訣：

「用力壓、快快壓、胸回彈、莫中斷、吹一秒、輪流壓」。

用力壓

100-120 下 / 分鐘

快快壓
胸回彈
莫中斷

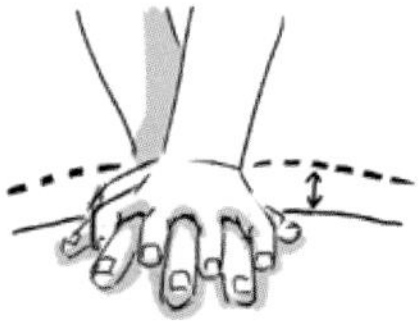

深度 5-6 公分

CPR 時胸部按壓速度，在二〇一〇年版時只建議每分鐘至少 100 下。然而大家也都明白，過快的胸部按壓亦會使心臟輸出減少，但二〇一〇年版本中並未設定按壓上限。此次二〇一五年版本，又將按壓次數修正為每分鐘至少 100 下，但不超過 120 下。即胸部按壓30下須於15～18秒內完成。

至於按壓的深度，二〇一〇年版本為了方便記憶，簡化為至少五公分，然而二〇一五年版本基於某些按壓過深可能產生併發症的研究，又將按壓深度修正為至少五公分、但避免超過六公分。

吹一秒
輪流壓

賀信恩 繪圖

人工呼吸吹氣每次一秒鐘，二〇一〇年版本，**CPR** 時建立高級呼吸道後，每分鐘建議吹氣8~10次，也就是6~8秒一次。然而二〇一五年此次更新，為了簡化通氣速率，建立高級呼吸道後建議每分鐘吹氣10次，也就是每6秒吹氣一次。

肇亭漸漸憶起 CPR 中每個動作要領，原來之前非常苦惱的細節，用簡單的一句話就能熟記。肇亭拍拍身旁的傑凡：「一個口訣能記住這麼多重點，真的是太棒了！」傑凡是肇亭從國中就開始的同窗，算一算至今也九年了，早已在同個校園的薰陶下，煮成熟到不能再熟的好麻吉。「其實我還有更快的呢！你想想：『**力快彈斷秒人**』，六個字才是精華中的精華呀！配合戰場倏忽即變得詭譎情勢，就該『用力快速彈斷大招秒掉敵人』，而敵人正是你眼前正和你搏鬥的死神哪！」

賀信恩　繪圖

肇亨回道：「別鬧了，你以為你還在『召喚峽谷』裡頭遊蕩嗎？趕快專心上課啦！」

註：

秒人：戰爭類遊戲術語，快速擊殺敵人之意。

大招：絕招

召喚峽谷：線上遊戲英雄聯盟的背景地圖。

只要專注地做一件事，時間常常不知不覺就這樣過去了，也就是所謂的「快樂的時光總是過得特別快」！一轉眼就到了午餐時間。

學生餐廳在暑訓的用餐時間總是擠得水洩不通，原因不外乎因為大家同時下課，也就同時湧入餐廳。穿著迷彩服拿起餐盤時，肇亨回想到入伍訓第一天拿到餐盤時，心中那股澎湃的滋味。

軍教電影中的情節，彼時彼刻正發生在自己身上，只差沒有要出去作戰了；對於保家衛國一事，肇亨總是認真看待，畢竟兒時就憧憬著自己長大後能夠做一位頂天立地的人。

「哎！聽說下午要實際操作高級心臟救命術（ACLS），而且還要跑關耶！」小凡一坐下來就緊張地跟肇亨說。

「安啦，剛剛都有認真上課，我來 Carry 你啦！」肇亨拍拍傑凡的肩膀。

「不過你不是昨天才去急診室報到？先不論你有沒有認真上課，你確定你的身體撐得住嗎？連續四小時都不休息耶！」傑凡投以疑惑的目光。

「就只好當作進臨床前的訓練啦！如果現在都沒辦法撐過去，以後在醫院怎麼當大家堅強的後盾呢？好啦，還是趕快吃飯吧！不然等等就沒飯吃了…其實，有時還真覺得我們像蝗蟲過境一樣，學餐裏頭的食物瞬間就被掃乾淨了！」嘴巴裡已經塞了一顆滷蛋的肇亨含含糊糊地說。

下午的課程果然如傑凡說的，開始實作跑關。肇亨的組別跑的第一關是「**團隊合作下的高級心臟救命術**」，必須要運用先前所學習的 EMT 知識及技巧，加上團隊分工合作，在最短時間內對病患做最有效的處置，彷彿在跟時間賽跑一般，必須跑在前頭才能完成任務。

台上的醫師說明完這一關的課程內容，隨即示範給台下的同學們看。「其實學長根本可以一個人打十個人嘛！」看著每一項步驟如行雲流水般的示範講解，傑凡喃喃著；而肇亨則目光炯炯盯著台上每個環節，如同一塊海綿般不斷地吸收眼前的知識。

「為什麼需要團隊合作？」醫師學長提點著，「在實際狀況下，推送進來的病患可能發生各式你意想不到的突發狀況，加上在處理危急狀況時，腦袋可能會突然一片空白，接著整個人就愣在那裡，不知所措。所以高級心臟救命術團隊需要各司其職，互相配合監督，因為整個急救過程是環環相扣的。簡單來說，高級救命心臟救命術就是團隊合作的急救術。」接著，醫師學長與他的團隊再次示範整個急救過程，同時提醒大家需要注意的環節，例如：使用去顫器（Defibrillator）去顫時，必須確保大家都沒有接觸患者、兩次 CPR 循環後才靜脈注射 Epinephrine（腎上腺素）等等。

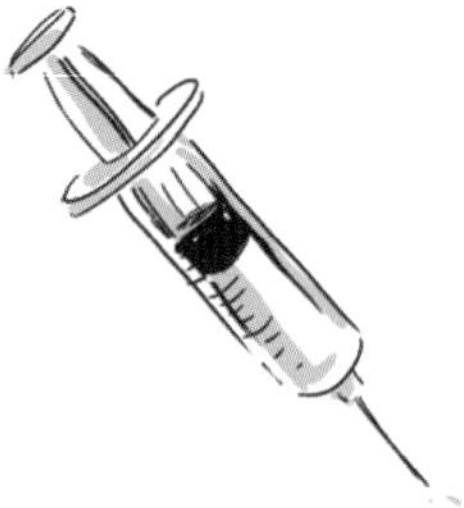

儘早給腎上腺素

關於急救 CPR 時的藥物使用，若病患為非電擊性心律（也就是 PEA 或 Asystole），應儘快給予 Epinephrine。早期給予 Epinephrine 與 ROSC（心臟停止後恢復自發性循環）機率、存活出院率及神經系統完整之存活率之間具有相關性。

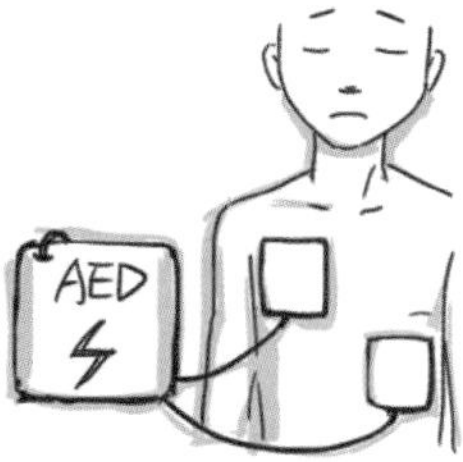

裝置備好 儘快電擊

早期的 BLS（Basic Life Support），曾經建議目擊倒地的病患應儘快給予電擊、非目擊倒地的病患建議先 CPR 二分鐘後再給予電擊。然而此次二〇一五改版，於目擊倒地病患且可立即使用 AED 時，仍然不變，儘速給予電擊；然而於非目擊倒地、或無法立即取得 AED 時，應先開始 CPR，然而一旦取得 AED 且裝置就緒後，就應儘速進行電擊。

再進行高級心臟救命術之前，團隊的組成是醫師學長特別強調的，於是在隨機分組之下，肇亨跟傑凡被分配到了同一組。每一組六人的團隊必須在五分鐘內完成對病人的緊急救護措施。這六人共同負責：**小組指揮**、**小組紀錄**、**給藥**、**CPR 壓胸手**、**CPR 給氣手**、**監控儀器**、**做摘要**、**聽取就醫前簡報**。對肇亨這些生澀的小醫學生來說，還真像在開拍《不可能的任務》一樣。

輪到肇亨的組別上場，正當大家猶豫著要選誰來當團隊指揮時，肇亨自告奮勇擔當重責。這天下午，他有了屬於自己的第一個醫療團隊—肇亨的 ACLS 團隊。

肇亨興奮萬分，都忘了自己還在感冒這件事，開始高亢而有序地指揮團隊各職，同時謹慎確保整個流程的正確性。

【基本救命術評估】

在開始實施基本救命術前，必須先對患者做簡易評估。當然，首要之務是確認環境是否安全！

步驟一：檢查環境是否安全。

步驟二：檢查患者是否有反應，並大喊：你沒事吧！

步驟三：啟動緊急應變系統／取得 AED。

步驟四：循環檢查頸動脈脈搏 5～10 秒若無脈搏，開始 CPR（30:2），用力壓、快快壓、胸回彈、莫中斷、吹一秒、輪流壓。

步驟五：去顫當取得 AED 時，立即檢查可否電擊之心律。

CPR 步驟的變動：「C-A-B」而非「A-B-C」*

叫－確認突發性心臟停止

叫－啟動緊急救護系統並取得去顫器

C－開始壓胸

A－打開呼吸道

B－給氣一秒鐘

減少中斷！盡量減少胸部按壓中斷超過 10 秒鐘的情形，為了確保血液能保持流動，因為血液流動主要是靠胸部按壓產生。

「先生，先生！你能聽得

到我的聲音嗎？」評估傷患意識後請求協助，並請傑凡取AED去顫器，接著請其他人記錄患者意識、確認CPR循環次數，以及實施CPR的按壓與給氣。當施行完第二循環的CPR後，上IV、給予Epinephrine，讓病患能夠盡快恢復正常的心搏。

儘管是第一次指揮，有點生澀不上手，但肇亨還是順利完成各項要求，這回模擬任務，成功！醫師學長也給予了肇亨的ACLS團隊不錯的評價。

這種感覺彷彿又回到小時候，只是過了十幾年，他已經從懵懂的小孩蛻變成能夠引導同伴執行急救任務的軍醫學生了。

【ACLS團隊簡介】

1. **隊長：**組織小組、監控隊員個人表現、機動支援、確保流程順暢及正確。
2. **呼吸道人員：**觀察呼吸、給予氧氣。
3. **按壓手：**實施胸部按壓，避免中斷超過10秒鐘。
4. **IV藥物人員：**適時給予IV、注射Epinephrine。
5. **心電圖監控手：**安裝好心電圖監視器，備好去顫器準備電擊。
6. **觀察記錄員：**確實記錄每一循環的結果，病患表徵。

隊長與隊員間最有效的溝通莫過於知己知彼，此時就有賴於「迴路溝通（Closed-Loop Communication）」。

接下來的關卡，除了加強 CPR 在不同情況下的運用，例如在小孩或嬰兒適用的 CPR，也講解到在外傷現場該如何處置，像是車禍、刀傷，首要之務是確保患者的生命徵象及意識，而非直接 CPR，這可能會帶來更嚴重的後果。

儘管肇亨已經連續上了三小時的課，剛剛那些課程卻像十全大補帖一般，補足他因感冒而失去的元氣，愈上課就愈有精神；而傑凡原本有點散散漫漫的，雖然人坐在教室，但是心早已神遊在暑假將去的紐西蘭，享受南半球的冬季，恨不得趕快離開熱到發燙的北半球。但幾個小時下來，傑凡也受到小亨的精神鼓舞，把自己融入到上課情境。他們就像個小救護團隊，一個擔任主手，一個擔任副手，互相模擬操作，交換意見。

迴路溝通是甚麼？雙方溝通過程中皆有覆誦對方語句，並回答確定了解。

隊長與復甦團隊的隊員溝通時，確實照下列步驟

1. 隊長給予清楚指示或工作於隊員。
2. 隊員在收到後，向隊長稟報確認，以利隊長確認有確實傳達訊息。
3. 隊長此時也應回覆隊員做確認。

團隊間的合作，除了知己知彼，也應體認自己的極限在哪裡，並且在自己無法勝任時，盡快通知身旁夥伴，請求支援。因為在急救過程中是非常緊迫的，如果因為一個環節出問題導致整個急救過程延後，很有可能對病人的預後有很大的負面影響。

註：【預後：對疾病未來發展的病程及結局。】

結束 ACLS 總關前，老師突然下達一道問題，在路上遇到一名休克之病患，不確定為何種創傷，只知道沒有明顯外傷，請問該如何處置？

此時傑凡便脫口而出：「如果是名漂亮女性，當然立刻**『抱緊處理』**啊！」

老師立刻回道：「誰給我說報警處理的？你們就是第一線的醫護人員，怎麼是叫警察來幫忙呢？當然是你們要立刻上前啟動緊急救護！剛剛說報警的，請上台！」

傑凡一聽，便驚慌失措地站起來說「有」，臉羞紅得跟大西瓜一樣，往台前的模擬救護車走去。咦！一個人是無法完成這麼多程序的，趕快請你的好朋友上台一起幫忙吧！

註：【中華民國軍校生被老師或教官點到，都要有精神地喊「有」並起立。】

團隊合作在緊急救護中是不可或缺的一塊拼圖。作為麻吉的肇亨聽到，便自告奮勇上台幫忙！前不久才集成的 ALCS 團隊隊員，也跟著一起上台幫忙，就這樣，這個 ACLS 團隊又合體完成第二次任務。

當作為心電圖手的阿翔安裝好心電圖時，並按下偵測鈕，老師便下達 VF（心室顫動 Ventricular fibrillation）的心電圖圖形。（如下圖）

當大家一聽到 VF，都瞬間愣了一下，努力回想前幾小時的上課內容，重新在大腦的腦海中探索這是甚麼狀況，還有相關的處置。

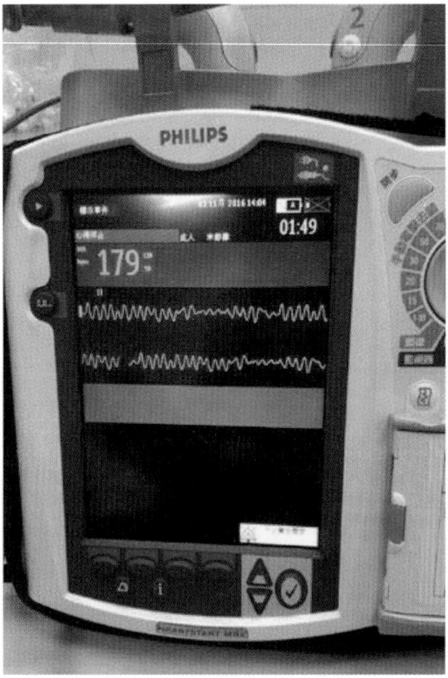

心室顫動
VF (Ventricular Fibrillation)

此時便是肇亨大展隊長天賦的時候了，也不知道為什麼，總感覺冥冥之中有股力量支持著肇亨，而他腦海之中總會浮現小時候看到有人突然倒下的場景。雖然肇亨也愣了一下，整個人似乎掉進回憶的深淵之中，但是很快的回過神來，在大家仍恍惚、不知道下一步該怎麼走的時候，肇亨很快的送出指令：「請按壓手、呼吸道人員就定位，準備進行 CPR。」在取得 AED 前，先確認病人是否有意識以及呼吸心跳。「先生先生！」肇亨拍打病患的肩膀「病患沒有反應！」老師下達此一指令。

接著是痛覺測試，使用中指第二指節，朝著胸骨角使力，肇亨覆誦出這些流程，老師下達「仍無反應。」接著就要盡快求救，請人去拿 AED。專業急救人員應先檢查頸動脈是否有脈搏，評估脈搏…「1001、1002、1003……1007」，檢查無脈搏，也無呼吸，胸部沒有明顯起伏，「開始進行 CPR！」。

註：

1. 1001…1002……1007 代表著是在十秒鐘完成檢查脈搏簡易評估，念完 1001 四個音節恰好是一秒鐘的時間。

2. 一下、兩下、三下是為了保持兩個音節，以免壓胸速度節奏忽快忽慢。

賀信恩 繪圖

此時大家各司其職，傑凡熟練的開始壓胸動作，心裡默念著「一下、兩下、三下⋯⋯十下、十一⋯⋯」在完成一次循環後，AED 也完成評估顯示：「建議電擊！」

此時整個時空像是凍結了一般，而肇亨 hold 住整個局面，大喊：「你離開，我離開，大家都離開！200J！準備電擊！」

老師繼續下達狀況：「仍無反應⋯⋯請問該如何處置？」老師本來心想：「到這裡總沒辦法了吧！該換我上台來講解最後的步驟了！」正當大家ㄎㄟˇ在那裏，徬徨著下一步該怎麼做的時候，隊長肇亨繼續下達「CPR 指令」，並要求剛上完 IV 的給藥手，馬上準備腎上腺素（Epinephrine），準備注射。老師對肇亨能馬上做出反應，而且還熟記上課講述的內容，感到驚訝也滿高興的，儘管沒辦法上台做一個帥氣結尾救援，但是能看到自己的學生做出如此的應變以及指揮調，心中感動油然而生。

除了高級心臟救命術之外，下午的分組還有三總急診部的醫師學長們教導我們急診外傷訓練、高級小兒救命術及高級毒物救命術等工作坊，收獲良多，讓我們對高級救命術有進一步的認識。

下課後，大家跑去八一五營站買些飲料小憩一下，順便聊聊肇亨的英雄事蹟，肇亨一出教室就直接說：「你也太帥太Carry了吧！整個場面根本由你來Handle！」。

賀信恩　繪圖

肇亨看起來有些疲憊，也許是因為感冒大傷元氣的關係吧！再加上整個課程的緊湊推演以及各種危機處理，但仍是留著一抹微笑感謝大家的配合！

總算是結束第一天軍陣醫學的高級救命術課程，儘管身體不舒服，但是肇亨仍是保有活力在課堂中努力汲取知識，冥冥之中，肇亨一直感覺到有股力量支持著他、幫助著他！也許就是秉持著救人的信念，一直支持著肇亨勇往直前，邁入醫學殿堂之中。

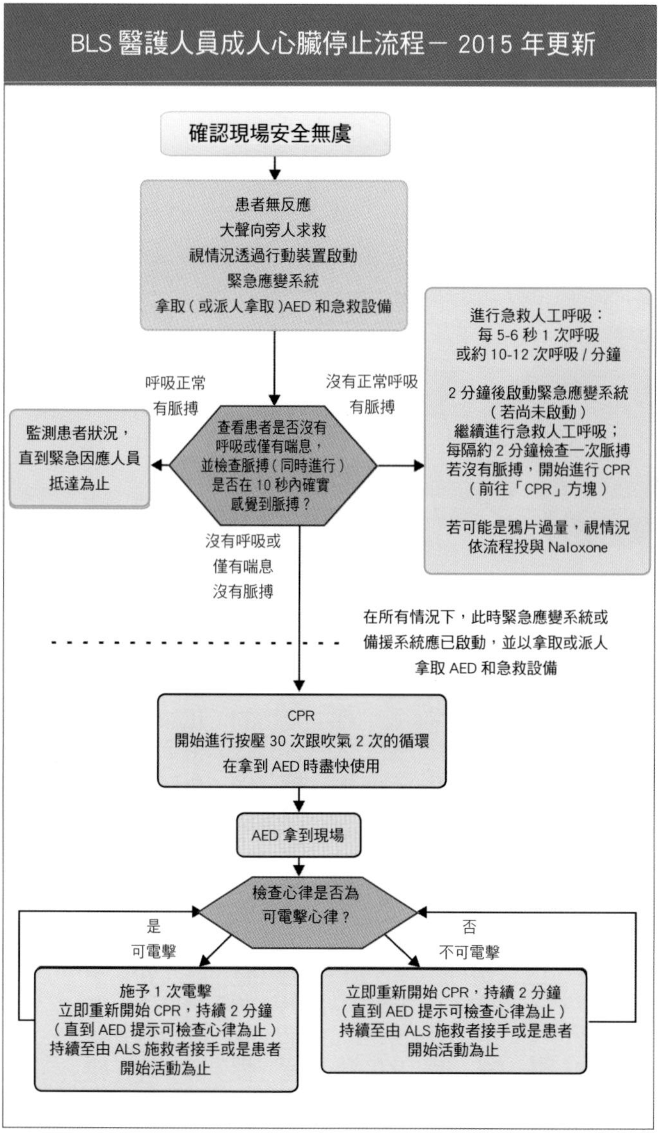

《摘自美國心臟協會 2015 年 AHA CPR 與 ECC 準則更新資訊重點提要》[3]

BLS 實施人員之高品質 CPR 要素摘要			
要素	成人與青少年	兒童 （1 歲至青春期）	嬰兒 （不滿 1 歲，新生兒除外）
現場安全無虞	確認環境不會危及施救者及患者的安全		
確認心臟停止	檢查有無反應 沒有呼吸或僅有喘息（亦即沒有正常呼吸） 在 10 秒內沒有明顯摸到脈搏 （可在 10 秒內同時檢查呼吸和脈搏）		
啟動緊急應變系統	若你單獨一人而且沒有攜帶手機，請先離開患者去啟動緊急應變系統，並取得 AED，再開始 CPR 否則應派人啟動緊急應變系統和拿取 AED， 並立即開始 CPR； 在拿到 AED 時盡快使用	有人目擊病患倒下 按照左欄的成人和青少年處置步驟進行 無人目擊病患倒下 給予 2 分鐘的 CPR 離開患者去啟動緊急應變系統並取得 AED 回到兒童或嬰兒身邊，重新開始 CPR； 在拿到 AED 時盡快使用	
沒有高級呼吸道裝置時的按壓通氣比率	1 或 2 名施救者 30：2	1 位施救者 30：2 2 名以上的施救者 15：2	
有高級呼吸道裝置時的按壓通氣比率	持續按壓，速率為 100-120 次 / 分鐘 每 6 秒吹氣 1 次（10 次呼吸 / 分鐘）		
按壓速率	100-120 次 / 分鐘		
按壓深度	至少 2 英寸（5 公分）*	至少胸部前後徑尺寸的三分之一 約 2 英吋（5 公分）	至少胸部前後徑尺寸的三分之一 約 1½ 英吋（4 公分）
手部放置位置	將雙手放在胸骨下半部	將雙手或單手 （年幼的兒童適用 放在胸骨下半部）	1 位施救者 將 2 根手指擺放在胸部正中央，略低於乳頭連線處 2 名以上的施救者 雙手拇指環繞手法置於胸部正中央，略低於乳頭連線處
胸部回彈	每次按壓後讓胸部完全回彈；每次按壓後切勿依靠在胸部上		
減少中斷	盡量讓胸部按壓的中斷時間少於 10 秒		

★按壓深度不應超過 2.4 英吋（6 公分）。
縮寫：AED (Automated External Defibrillator)；CPR (Cardiopulmonary Resuscitation)。

《摘自美國心臟協會 2015 年 AHA CPR 與 ECC 準則更新資訊重點提要》

迷彩大叔的叮嚀：

陳穎信醫師

一、將生命之鍊（Chain of Survival）緊緊扣住是將病人從鬼門關搶救回來的利器，基本救命術是高級救命術的基礎，其中高品質 CPR 尤其重要。

二、高級救命術目前在台灣醫學界具有規模的訓練課程計有高級心臟救命術（ACLS）、高級小兒救命術（APLS）/小兒高級救命術（PALS）、高級外傷救命術（ATLS）、急診外傷訓練課程（ETTC）、高級毒物救命術（AILS）等。全世界的急救學專家會定期修正急救指引，針對各種不同情境派上用場，以上的高級救命術是緊急醫療救護系統中急救人員必須專精的技能，才能提升急救水平。

三、由於急救訓練需要團隊運作，如何進行有效率的團隊合作，以模擬醫學教育（Simulation Education）的情境模擬訓練是很熱門的教育模式。Teamwork 的成功是需要 Leader 與 Members 的團隊合作，運用團隊資源管理（Team Resource Management; TRM）的精神來進行。

第二章

災難醫學 M113 王仲邦

災難醫學

「這真是一場災難。」安邦看著眼前翻倒的飲料還有已經溼透了的作業，悲痛地說。

一旁的道雅倒是一副事不關己的樣子，興味盎然地看著安邦搶救他的作業，而把自己的那一份舉的老高，免得被安邦波及。一邊不忘嘲笑安邦：「這就叫做災難？你真的知道什麼叫做災難嗎？哈哈！」

安邦眼看作業上一片氾濫的墨水，果斷地放棄了搶救工作，將思緒轉向了反擊道雅的挑釁：「我當然知道！不是有個災難醫學嗎？不知道他們能不能夠搶救我的作業啊！」

道雅聽了頓時大笑不止，向安邦解釋道：「對於每個人來說，災難代表著不同的意義，也許你會覺得核子戰爭爆發是一場災難，但我卻覺得一隻蟑螂在房間內翩翩起舞是一場災難，但是在討論究竟是核子戰爭的受害者還是被蟑螂嚇壞的人可以當作災難醫學的患者前，我很確定你的作業不是災難醫學討論的範圍喔！」

至今，最廣為接受的「災難」定義，是由 Gunn 等人在 1990 年提出的，其內容如下，災難是在人類與其生態環境之間，因為自然或是人為的力量，造成巨大的衝擊，而使得這社區必須採取異於平常的作為，且需要外來的資源才能應付。

註：【剛恩（Gunn . 1990）所編《災難醫學與國際救援多語辭典》】

安邦不耐煩地打斷道雅的解釋：「那這只是災難啊？災難醫學又是怎麼一回事？」

災難的概念，對於災難醫學來說，最重要的就是「異於平常的作為」以及「需要外來資源」這兩句話。

災難醫學簡單來說，就是「**當這個事件所造成的影響超出平時醫療體系可以應付的範疇，我們為了應對這個事件所做出的任何措施。**」其中包括前置、減災、應急等等步驟，這也是災難醫學跟一般的急診、門診之間的區別。

其實在災難醫學的概念出現之前，就已經有許多類似、相關或是現在隸屬於災難醫學範疇的各種形式的醫學發展，像是軍陣醫學或是宗教人道救濟、急救學等等。

這些在特殊環境下採取的行動正就是災難醫學的核心概念，因為在緊急或特殊情況發生的時候，我們追求的是最大的傷患存活率。

而在這些特殊情況下我們投入更多的人力有時候卻不能得到相對應的回饋，所以才會需要災難醫學的概念，在特殊的情況下採取特殊的應對措施。

災難醫學有很多面向，像是最常聽見的大量傷患處置，就是當災難發生時，產生的傷患超過平時急診所能負擔的人數，另外像是需要特殊處置的輻射傷害，或是醫院本身受到災難影響時做出的改變，都是災難醫學的一部份。

由此可以看出，災難醫學是一門廣泛的學問，其最重要的目的就是降低災難發生時所帶來的損傷。

「欸？大量傷患？之前鬧得沸沸揚揚的八仙塵爆，新聞裡好像就有提到大量傷患處置是不是？」安邦好不容易聽到一個有點熟悉的名詞，忍不住脫口而出。其實大量傷患處置到底是什麼，他根本說不上來。

道雅驚訝的說：「對啊！沒想到可以從你嘴裡聽到這個詞耶！那我就特別來跟你解釋一下大量傷患好了。」

大量傷患，顧名思義就是在一定的時間內突然產生了大量的傷患，有可能是因為事件、緊急狀況或是災難等等的原因，當這些傷患同時出現時，不僅會影響到院內已有的病患，這些傷患自身所受的醫療處置也會受到影響，甚至可能造成更嚴重的二次傷害。

所以災難發生時，如果評估結果影響重大，就要啟動大量傷患機制，才能夠在短時間內緊急處理這些大量傷患。

另外需要注意的是，病人的數目有時候並不是大量傷患機制判斷的要點，還關係到當時所能夠動用的資源調配，或是病患處置的特殊情況等等。

安邦聽完之後，仍然感到一頭霧水：「那，詳細來說，大量傷患機制到底應該做些什麼事情呢？」

「首先，接到大量傷患通知時，所有值班的醫護人員需立刻至急診室。」

「而沒有值班的人員或是居住在醫院附近的人員也應盡快趕至醫院提供協助。」

「而大量傷患機制的三個要點就是指揮，檢傷，後送。」

「檢傷人員在事發現場要先清點傷患人數，並依照 **START** 原則進行檢傷分類，會區分為第一優先—紅色牌，第二優先—黃色牌，第三優先—綠色牌，最不優先—黑色牌。」

「而指揮官要負責聯絡還有現場的場控，後送人員則要掌握鄰近醫療處所所能容納的人數，進行準確的人員後送。」

註：【START 原則，Simple Triage and Rapid Treatment（簡單檢傷及快速治療）。】

至於那四種顏色的牌子是怎麼區分的呢？

首先最緊急的紅色牌子，代表患者處於極度危險狀態，可能是呼吸道阻塞或是頭頸部嚴重受創等等非常緊急的情況。

再來是黃色牌子，代表患者處於危險狀態，可能是穩定的腹部受創或是中度的流血等等。

然後是綠色牌子，代表患者處於輕傷，可能是小型的挫傷或是扭傷。最後才是黑色牌子，代表患者可能已經死亡，因此優先順序才擺在最後面。

聽了那麼多，安邦可受不了了：「你劈哩啪啦講了那麼多，說來說去還是沒有人可以幫我拯救我的作業啊！算了啦！我不跟你在這邊耗了，還是趕快想辦法要緊。」

道雅一邊笑著一邊把自己手上那份完好無缺的作業給安邦說：

「哈哈！你以為我會那麼沒有義氣嗎？」

「拿去啦！不過抄完趕快還我，還有不要被老師發現了！」

「剛好這個週末附近的醫學院要舉辦一場大量傷患的演習，你弄完之後不如跟我一起去參加，增長一點見聞吧！」

「不然總覺得我剛剛苦口婆心地跟你介紹那麼多，你都只是左耳進右耳出，浪費我的口水。」

安邦聽了，心想都拿了人家的作業，總不能拒絕人家的好意，剛好打鐵趁熱，就趁這個機會多多瞭解這個議題吧！週末就當作去郊遊，看看究竟大量傷患機制是什麼。

時間過得很快，週末馬上就到了，道雅安邦到了附近的醫學院。

昨天剛下過一場雨，洗去了大台北夏天的沉悶與燠熱。

草地上是雨後清新的氣味，當然少不了的是，很多的泥巴。道雅意味深長地笑著看著安邦。

活動馬上就要開始了！

指揮官宣布在演習開始之前要分組，總共分成傷患組、檢傷分類站、治療區，另外還有指揮站，每一個區域負責不一樣的事情。

道雅推推安邦的肩膀，在他耳邊輕輕地說：「欸欸，偷偷跟你說，傷患組最輕鬆喔，只要躺著假裝自己是傷患就好了，什麼都不用做喔！」

安邦聽完，二話不說，立馬舉手自願參加了傷患組，道雅自己則參加了治療區。

指揮官站在最前面，開始宣布今天演習的假想狀況，在偏遠高海拔山區，前方一輛遊覽車翻覆，傷患倒在山區邊坡地上，決定啟動大量傷患機制！

安邦跟著傷患組組長來到了稍遠處的草地上。

接著組長從袋子中取出一個又一個的像是面具或是護膝之類的東西，開始發給所有參與傷患組的人員，一旁也有許多人拿個化妝品開始忙碌起來。

安邦還沒搞清楚這是在幹什麼，自己的肚子上就被套上了一個圍兜兜一般的東西，低頭一看，竟然是一個腸子都露出來的模型。

安邦轉頭看看身邊的人，一個個都變成了幾可亂真的傷患，有人只是小擦傷，有人則是頭部重傷，經過化妝之後，有些傷患看起來真的是怵目驚心。

緊接著組長告訴大家，要知道自己是哪裡受傷，當遇到醫療人員時要有適當的回應或是哀號，之後組長就叫大家躺在地上等待醫護人員到來。安邦看著地上軟軟的泥巴，馬上瞭解為什麼道雅剛才會推薦自己來當傷患，心中不禁開始咒罵自己這個損友，但是也別無他法，只好無奈地躺在地上，開始享受新雨過後的清新泥巴浴。

不久，遠方傳來了匆忙的人聲，許多人抬著擔架接近，首先大聲宣布他們是急救人員，並開始將傷患組的人員進行最基本的處理並且抬離現場，也不時地詢問患者的傷情及感受等等。

有些可以自行行走的傷患也接受指示，開始緩慢的往檢傷分類站移動，到達檢傷分類站之後，那邊的人員對傷患開始進行檢傷。

安邦被抬進分類站時，聽到了一旁的指導人員解說檢傷分類原則，就跟前幾天道雅介紹的一模一樣。

「什麼第一優先？」

「是紅色牌。」

「第二優先是黃色牌。」

「第三優先是綠色牌。」

「最不優先是黑色牌。」

又或者是各個顏色的牌子代表的傷情等等，不禁又開始佩服起道雅，但是一想到他陷害自己，害自己現在滿身是泥，決定等一下一定要好好地找他算帳。

在檢傷分類站聽著聽著，安邦也漸漸瞭解到大量傷患的原理，首先現場的救護人員只會進行最基本的急救，而趕緊將傷患送來分類站，在分類站進行分類之後，才會送往各地的醫療機構。

安邦此時已經接受完分類，手上被綁上了一個檢傷分類票，原來檢傷分類票是一張上面印有黑紅黃綠四種顏色的紙，要依照這個傷患的情況，將顏色撕掉之後就會表示出這個傷患是屬於哪一個分類等級。

安邦看了看自己手上的那一張，是紅色的，才知道原來自己的傷情是嚴重的。

緊接著安邦又馬不停蹄地被抬往了傷患集結區，他遠遠地看到那邊有幾張地墊，前面插著紅色、黃色、綠色、黑色的牌子，安

賀信恩 繪圖

邦看著自己被抬往了紅色的那張地墊，也看到道雅正在那邊等著傷患的到來。

安邦忍不住想要開個玩笑，開始大聲嚷嚷自己哪裡痛哪裡痛，完全不管之前組長告訴自己的傷情。

道雅忍住笑，打了一下安邦的頭，警告他：「欸！傷患也認真一點演好不好！哪有那麼不專業的傷患！」

說完之後馬上又換上嚴肅的表情，開始對安邦進行醫療。

安邦看著道雅毫不遲疑的動作還有堅定的語氣，才知道這個立志要成為醫生的朋友是認真的。

道雅對於這方面付出的努力看來都在這次的演習中表露無遺，安邦也收起自己開玩笑的心情，認真地看待接下來的事情。

道雅對安邦說，你是重傷病患，需要緊急直升機後送。

接著就和其他重傷區的醫療人員將安邦抬起，模擬抬進直升機的狀況，要以90度的角度靠近直升機，避免危險，並交接給地面的醫療人員，才算是完成重症傷患的後送。

演習結束之後，指揮官又站在台上，開始了結束的一些感言，道雅則在台下偷偷地問安邦：「你知道今天這場大量傷患演習，最重要的事情是什麼嗎？」

安邦歪著頭想了想，說：「應該是你們醫療站的人員吧？沒有你們的努力，大家都要去見閻王啦！」

道雅笑著搖了搖頭說道：「首先，每個人各自付出自己的力量，才能有一個完整的大量傷患處置，這是無庸置疑的。」

「但是在這之中，最重要的事情其實是指揮還有聯繫。」

「一個有組織的行動，如果沒有人居中聯繫，就會變成見頭不見尾，顧得了頭顧不了尾，最後全部擠在一起，又或者是沒有人指揮，可想而知一定會亂成一團。」

「你想一想老師不在的時候我們的教室裡是什麼情況就可以知道了吧！」

安邦聽完，再加上這一整天的參與，雖然身上依然髒兮兮的全是泥巴，看看身旁參與演習的人員，有誰不是這樣呢？或滿身泥濘或全身汗漬，看起來都是筋疲力竭的樣子，但是每個人臉上都洋溢著滿足的笑容，彷彿知道自己的付出一定會有成果。

自己也漸漸地瞭解了大量傷患機制最核心的原則：能夠救越多人越好，不是誰的身分地位高就先救誰，其分類機制是誰最需要我們的救援，我們就去救他，展現了醫療人員的悲憫，還有現實的情況。

安邦不禁暗暗地感謝道雅，讓他在這個週末能夠有如此深厚的學習與成長。

正當安邦沉浸在自己的小劇場之中時，台上的指揮官也結束了感言發表，宣布活動結束，感謝大家的參與。

回去的路上，道雅對安邦說：

「這樣我的下一份報告就有著落啦！這樣一個好的主題不拿來發揮一下就太可惜了，順帶一提，你可不要跟我寫同樣的主題喔！」

安邦聽了，茫然地說「蛤？什麼報告？你不要唬我喔？」

道雅看著一臉呆樣的安邦，想著等到他發現禮拜一還要交一份主題報告之後，會有什麼樣痛苦欲絕的表情，不禁覺得很有趣，就這樣心滿意足地踏上歸途。

「空中醫療救護模擬機艙訓練教室」簡介：

依據國防部「超前部署、預置兵力、隨時防救」救災原則，軍醫局局長吳怡昌中將為提升救災效能，明確指導紮實國軍緊急救護能量，推動空中醫療救護，以造福國人生命安全。

國防醫學院通過了一〇四至一〇五年度教育部教學卓越計畫，當中「發展災難模擬特色教學」是一亮點。國防醫學院校長司徒惠康將軍為教學卓越計畫總主持人，決心成立「空中醫療救護模擬機艙訓練教室」，強化災難到院前空中醫療救護訓練品質，以符合教學卓越計畫之宗旨。

本教室之建構經費來源由教育部教學卓越計畫與國防醫學院共同支應。S-70C模擬機艙之規劃設計，特別感謝軍醫局各級長官之指導、空軍司令部、空軍保修指揮部、空軍第一後勤指揮部、空軍第455聯隊、國軍高雄總醫院岡山分院等單位之協助規劃、監工與驗收。全案於一〇四年十一月二十四日國防醫學院院慶落成啟用。

戰傷暨災難急救訓練中心設立國內首創「空中醫療救護模擬機艙訓練教室」，目標為空中醫療救護教育訓練及發展，期許未來成為國家級空中醫療救護訓練中心。

迷彩大叔的叮嚀：

陳穎信醫師

一、由於全球災難事件頻傳，造成生命財產損失極鉅，尤其台灣的天災地變經常發生，防災、救災、減災等措施，對災難傷害的防範策略關係甚深，突顯災難醫學的發展之重要性。

二、我們應持續對災難醫學的知識與觀念更新，災難醫學不應只是紙上談兵，而應將理論性的知識轉成實際的演練操作。「超前部署、預置兵力、隨時防救」，只有做好準備，才能應付各式災難的來臨。身為國軍的一員自不能置身事外，更應積極發展與落實訓練。

三、跨機構與團隊的軍民協同救災已是世界趨勢，思考將各單位的救災能量整合，針對其特色與專長，並透過系統運作達成任務，如此才能更有效率更有品質。

第三章

災難搜救技能

N66 吳沛儀/李品嫻/劉于瑄

災難搜救技能

「噹噹噹噹~」上課鈴鐘響，李沛瑄嘴裡叼著在熱食部買的起司蛋吐司、手裡拿著一杯冬瓜奶茶，狂奔進入教室。

由於昨天的大量傷患演練，全身上下筋骨全打開，讓李沛瑄能夠如前線拯救病患的角色，以迅雷不及掩耳的速度，在上課鈴鐘的最後一響聲，安全抵達教室座位上。

正當同學們還在睡眼惺忪，李沛瑄還在氣喘吁吁準備要吃早餐的時候，十四位猛男著深色上衣、橘色長褲，氣勢逼人的走進30教室，他們的身材高大、肌肉大塊，把衣服撐得緊繃繃，顯露出肌肉的線條，讓全場同學們眼睛為之一亮。

男同學的內心盤算如何練得如此的身材，女同學的內心如深夜狼嚎般地尖叫。十四位猛男進場，也讓李沛瑄大飽眼福。

但這時李沛瑄內心疑惑著，「他們到底是誰？是要來教我們如何練成像他們一樣的身材後，才能上戰場擊敗敵人嗎？」

李沛瑄的小劇場開始，腦海浮現被其中一位猛男帥哥拯救……

正當李沛瑄在做白日夢口水快要滴下來的同時，大聲公主任跑進教室，以比飛彈爆破聲還大的聲音來向同學們道早安，瞬間炸醒李沛瑄的夢。

大聲公主任開始介紹台上的猛男們：

「他們是鼎鼎有名的新北特搜隊，經過專業的救護（如：EMT-P）、救災、體能等訓練，練成如此壯碩的體格，跋山涉水難不倒他們，因為他們精通繩結與垂降的應用，而今天他們就是來教導我們利用繩結和配備來垂降的教官。」

大聲公主任將同學們分成A、B兩組：

「A組進行垂降的實際操練」，

「B組進行繩結的綁法學習」。

李沛瑄知道自己隸屬B組後，鬆了一口氣，因為可以先留在教室裡吹冷氣！

30教室裡就在大家七嘴八舌地討論著接下來猛男們到底要怎麼教學的時候，老師說：「我們要分組教學，接著大家要來比賽，最輸的要懲罰，大家要好好認真學習啊～」

原本吃著早餐快要睡著的李沛瑄聽到「懲罰」突然豎起耳朵，心裡想著「天啊～我要好好聽課，我才不要被懲罰，不然一定很丟臉！」

於是接下來教學進行的時候李沛瑄用了百分之兩百的專注力認真聽講，讓我們一起來看基本款的六項繩結綁法吧！看圖片一。

係由**撐人結**（八字單套）加纏繞於腰部 2 圈之繩結所組成之人員高空作業確保使用。 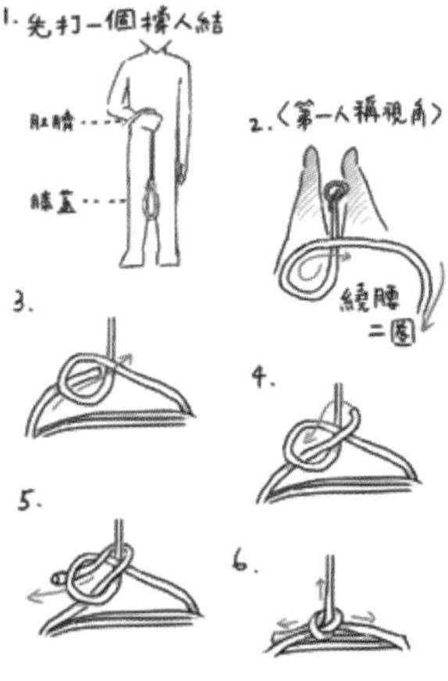 	**撐人結** 繩節固定於繩索某一點上，可形成固定圈套，常做為人身確保使用。 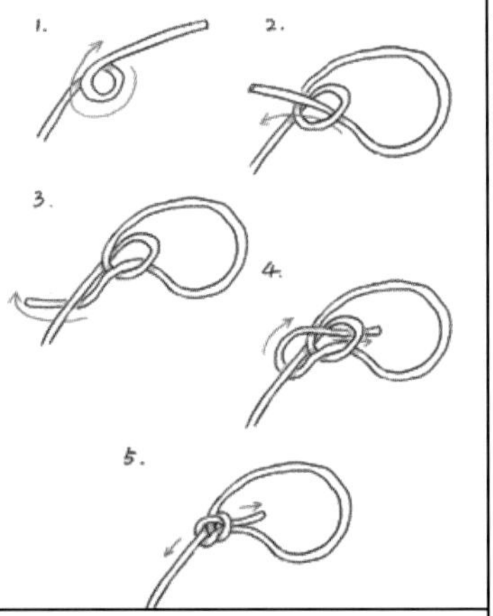
接索結 不同材質、直徑大小不相等且相差一倍以上之繩索連接用，較小繩索須纏繞 2 圈以上並加半扣。 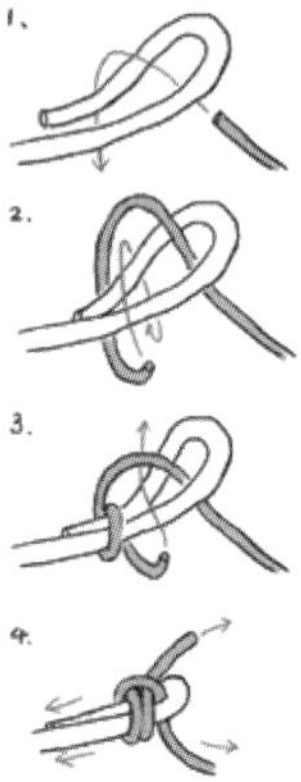	**蝴蝶結** 當繩子兩端受力時，繩環不會受力，容易解開，繩環可以吊掛物品，或提供手拉、腳踩。 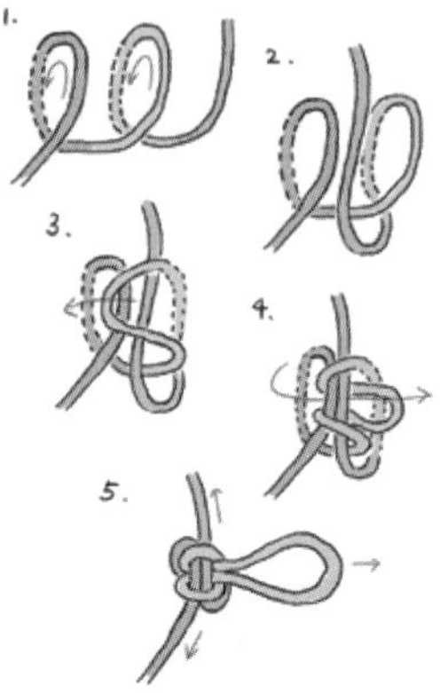

圖片一：各式繩結打法

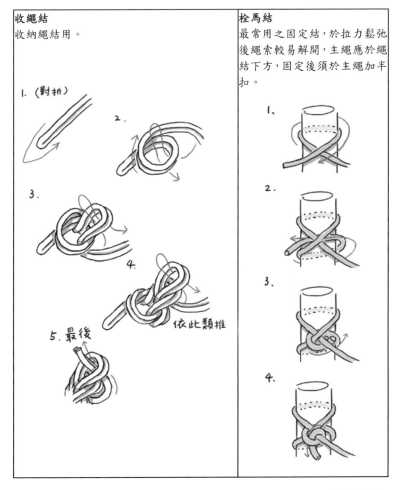

收繩結 收納繩結用。 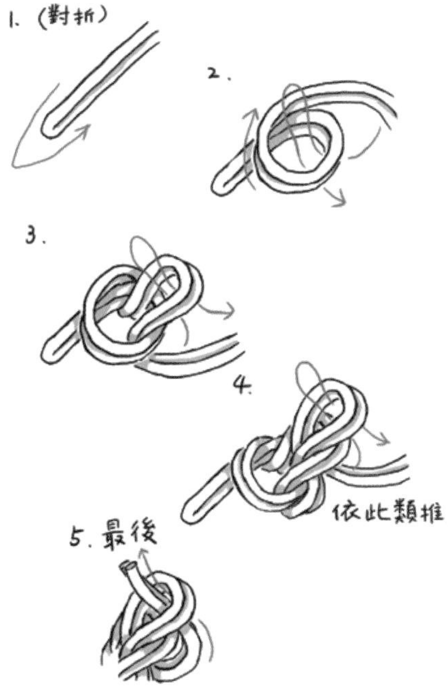 	**栓馬結** 最常用之固定結，於拉力鬆弛後繩索較易解開，主繩應於繩結下方，固定後須於主繩加半扣。 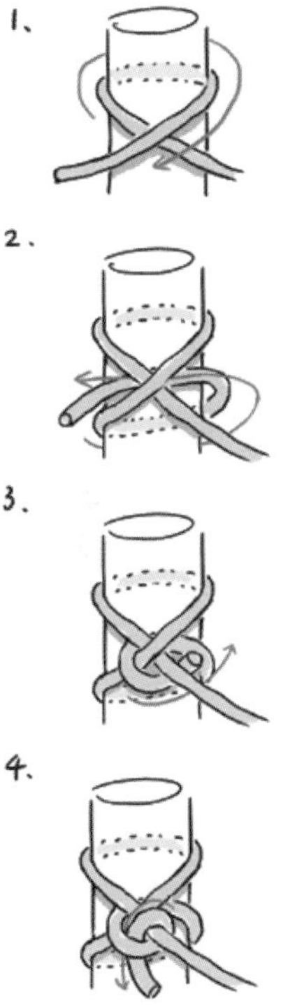

賀信恩　繪圖

在教官用心教完六個繩結後，李沛瑄和同學都努力練習，因為不想被懲罰，經過大家的努力，李沛瑄的組別不但沒有輸，還得了第一名，而最後一名的懲罰就是那團隊組成人形毛毛蟲，結果成為大家的「笑果」，度過開心輕鬆的上午課程。

但事情沒有那麼簡單，學完了室內課，接著就是A組室外實際操作垂降了。一行人來到學校的垂降訓練場，一抬頭看見接近兩層樓垂直的牆壁，原本就懼高的李沛瑄腿都軟了……

但是在正式操作前，先來看看怎麼做才能安全下降吧！

首先將一條垂降繩製作成簡易坐式吊帶，並來認識一下簡單的配備吧！請看圖片二

圖片二：（來自新北市政府消防局特搜隊提供）

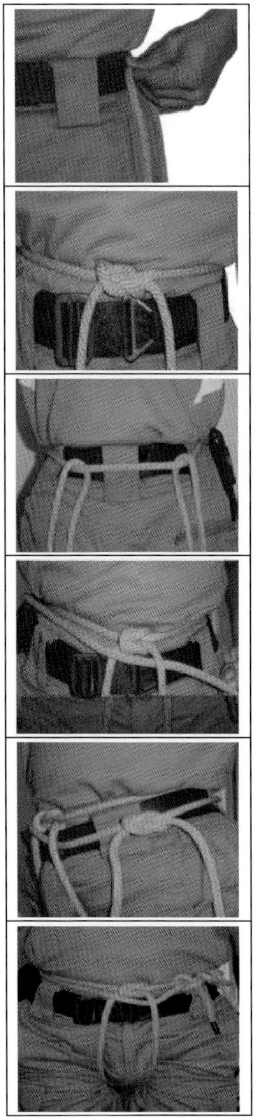

雖然現在已有一體成形的鞍馬，但是學習最最簡易的坐式吊帶可以讓我們學以致用，確認繩結穩固牢固後就是扣環的安裝。看圖片三。

圖片三：（來自新北市政府消防局特搜隊提供）

D 字環（橘色）

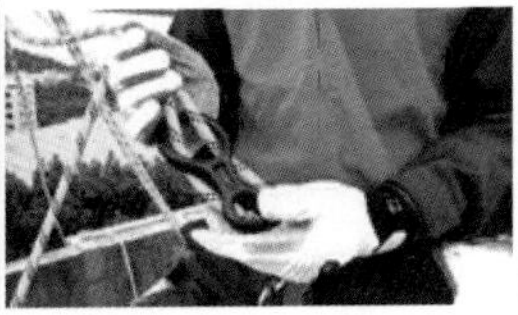
8 字環（黑色）

洪心柔　繪圖

將扣環依序扣上後就可以戴上安全帽、手套，準備下降囉！就可以近距離貼近教官囉！

怕高的李沛瑄看著教官帥氣地為同學做安全確保時，心裡想著應該還好吧！

於是排在第三個，但是當輪到他時，他抖著雙腳來到教官面前一臉驚恐，在教官的鼓勵下，李沛瑄踏出去的瞬間，整個人懸空只剩腳踏在接近垂直的牆壁上。

賀信恩 繪圖

他放棄了，哭喊著：「拜託，讓我回去！」於是教官一伸手便將李沛瑄從外面拉了回來。教官說：「你確定嗎？大家都下去了，你真的要放棄嗎？」

雖然李沛瑄很怕高，但是隨著同學一個一個在教官的確保下做了完美的下降，接近尾聲的時候，李沛瑄再一次鼓起勇氣，跟教官說：「教官，我想我還是下去吧！我也想和其他同學一樣有帥氣垂降的經驗，這次一定會成功的！」

雖然腳一樣在顫抖，但是教官會幫忙繩索都扣上確定後，開始垂降，第二次挑戰的當下依然好緊張，好害怕！

因為踏出後轉身的那一刻，屁股會瞬間往外晃出去，也就只剩雙腳頂著牆壁、兩手各拉一上一下的繩索，由慣用手來進行放抓的動作，當放鬆繩子時，人就會下降，然而李沛瑄因為緊張死命地抓著繩子也就卡在空中上不去也下不來，真是令教官和等待的同學們哭笑不得啊！

在教官的鼓勵下，李沛瑄終於克服內心的恐懼，透過旁邊有帥帥的教官確保自己的安全，還有下面也有帥氣教官確保自己著地，李沛瑄慢慢放鬆繩子才慢慢下降，在教練的保護下雖然緊張但還是覺得很放心的垂降下去了！

照片一

照片二

「終於垂降成功踏到地板了！」李沛瑄喜極而泣，覺得雙腳踏到水泥地的瞬間好感動，在一旁加油打氣的同學們也報予熱烈的掌聲！

這一堂災難救護與搜救技能真的是個很難得的經驗，透過帥氣無比的特搜隊教官教導一些簡單的繩結及特別設計的各種搜救器材，就能上上下下攀越各種驚險的地域、協助克服各種搜救難關，令人驚嘆。

練習時第一次從兩層樓身體垂直牆壁垂降下來，剛開始短短的腿無法穩穩地踏著牆壁，心情有點緊張。

不過後來第二次嘗試比較順暢，實際操作後讓我們深刻體會到消防隊員的辛苦，不僅需要具備體能還需要熟練各種搜救能力。

原來短短幾秒鐘的垂降過程，也是歷經一番寒徹骨的訓練啊！

迷彩大叔的叮嚀：

陳穎信醫師

一、災難的醫療救援是需要各種不同身分的人員組成，除了醫療專業部分的精進，我們應了解其他搜救人員的技能，這樣更能夠在特殊場合的救災環境中派上用場。

二、災難搜救技能是災難醫療救援的不可或缺的一環。在定位、脫困、穩定、後送的一連串救災過程中，應用搜救技術如繩結打法、繩索垂降、橫渡技術等可有效提升救災效能。

三、軍陣醫學的領域中，災難醫療救援在許多特殊場合需要應用到各種搜救技能，尤其作戰、海空搜救、高山搜救、或困難地形等搜救都需要這些實用且生活上也可使用的技術。

第四章

戰術醫療 M113 許景翔

戰術醫療

「小鬼們，這裡是戰場，不是讓你們來這邊吵吵鬧鬧的市場！」

教官的怒吼彷彿火山噴發般瞬間淹沒了教室內的喧嘩，霎時間，整間教室被靜默所取代，彷彿連根針掉落都能聽得一清二楚。

「我的課堂很簡單，只需要遵守兩件事，安靜、迅速！否則就是陣亡，我們上課！」

就這樣，在大家驚魂未定之際，教官已用迅雷不及掩耳的速度分好了四大組，這個分成四階段魔鬼般的課程正式開始！

第一堂課又是一個震撼彈，只見眼前兩位教官如同電影情節般一拍一擋，便輕鬆化解對方凌厲的攻勢。

我們的到來似乎稍微讓一位教官分了神，說時遲那時快，另一位教官利用這短短的空隙屈身向前，猛然的制伏了對方。

「現在來示範最基本的防身動作，仲邦、景翔出列！剛剛看你們打的軟綿綿的豆腐拳，到底是幫對方按摩還是攻擊啊？跟著我做！」

看著教官出右直拳時，腳先些微的引動，隨即配合身體的旋轉帶動手臂快速擊出，在景翔面前一晃而過。

等到他定下神時，教官早已回復預備動作，一切都是如此行雲流水。

由於是由身體借力帶出的動作，更容易去隨著情況而決定下一步，精簡扼要的動作沒有絲毫猶豫，彷彿身經百戰的武林高手一般威風凜凜。

一看到眼前驚人的身手竟然可以藉此機會學習，不禁讓每個人躍躍欲試，隨即我們又學了其他的五個基本的動作，包含左右的直拳、踢擊、擊退等方法。

正當每個人都勤奮的練習時，教官走到了仲邦的旁邊說到：「嗯，大致上還不錯，若是遇到敵人拿刀要攻擊你，這時候怎麼辦？」教官問道。

「就像電影裡面一樣，用厲害的防身術打倒他！」仲邦興奮的說。

「大錯特錯！現實中要奪刀可沒那麼容易，你們等等練習就可以知道到底有多難，不像電影可以慢動作定格再讓你拯救世界。」

「真實世界中，看到有人拿刀要攻擊你，走為上策。」

「接下來一部分的人員進行三人奪刀的練習，另外一半利用剛剛所學的防衛術進行殭屍保衛戰！散開！」

「兩個打一個還不簡單！」

但是事情卻不如預期的順利，在奪刀的過程中好幾次都差點被假刀所劃到，若是欺身向前，反而將自己全身都迎向刀口。

藉由奪刀的訓練，讓景翔和仲邦充分了解教官所說的「防身術並不是拿來打倒敵人，而是來拖延時間，給自己更多活命機會的手段。」

仲邦和景翔好不容易度過了基本防身術的關卡，隨即而來的便是敵火下的作業。

T91步槍，這把在入伍訓中常常卡泥巴、掉彈夾、即便是做夢都要背出槍枝序號的步槍，真的令人又愛又恨。

拿到槍的第一步，教官便下達了用槍四大安全準則：

1. 永遠都要假設所有槍枝已經上膛。
2. 不要把槍指向你不想擊毀的目標。
3. 要清楚你的目標和目標後方的狀態。
4. 不要將手伸進護弓內，直到你瞄準目標。

「用槍是嚴肅而且危險的一件事，千萬不要把槍口對著別人！這四大準則，請你們銘記在心！等等我們會先練習巷戰，所謂的巷戰呢！顧名思義，就是當我們遇到在巷弄或是有空房間需要進行突破時所採取的戰術策略！我需要四位同學當衝鋒的突擊小組其他同學交互掩護，在後面幫忙。」

於是，十幾個人躲在牆角，暗暗討論著等等要如何操作才能夠顧及每個方位，甫走過轉角，教官便大聲吼說：「全體陣亡！後面呢？難道敵人不會包夾嗎？重來！」

一行人又再次挑戰，「停！在轉角處應該要有一員採取高跪姿，稍微探看四十五度角的方向，另一員要用低姿態快速查看轉角狀況！」

同學們在經過多次失敗之後，漸漸掌握到了巷戰要點，因此掃蕩的步調也越來越快。好不容易要突入第一間房間，四位突擊小組的同學便遵從教官的指示將腳抵住前一員的身體，這樣才能夠不出聲。

在黑暗中要能在第一時間內掌握到隊友的移動，而其他隊友便趁機快速通過房門口，大家乘著高昂的鬥志繼續向前突破。

正當要突入第二間房間時，教官突然喊出「動作暫停！你們突入第一間房間的隊友呢？」

原來，當大家快速移動到下一間房間時，第一間的突擊小組仍然在房內搜索還沒出來，就這樣被大部隊遙遙甩在後頭。

經過這次的巷戰演習之後，不僅使景翔他們瞭解了在多死角的地方戰鬥其實有利有弊，優點是自己也會多一些掩蔽物，而缺點是突擊的難度同時也會大幅增加。教官又說道：「剛剛經歷完了危險的巷戰，相信大家一定都對戰場上的各種狀況有所警惕，而此刻，便是要突破之前我們所學的射擊模式，在敵火下射擊為隊友製造掩護，讓隊友在炮火下進行救援，敵火下的救援是很困難的，請看教官這邊示範。」在敵火下，不僅要採用立姿、跪姿，甚至臥姿都有講求效率的變化型，而同伴間的相互掩護更是能否順利救出傷員的關鍵之一。

根據教官所說的，法國SAFE原則在敵火下的救護（Care Under Fire）主要有這幾點：

1. 回擊並掩護隊友。
2. 如果情況允許，讓傷患繼續戰鬥來掩護你的救援行動。
3. 如果在合適的情況下，直接進行包紮或是使用自救（止血帶）。
4. 盡量讓傷患的傷口不至於擴大或加重

5. 停止 Burning Process。
6. 呼吸道的處理最好是到戰術現場護理階段再處理
7. 如果戰術可行，先讓危及生命的出血停止。（如果可以的話，讓傷患自助止血，若是無法，則用 TCCC 專業救護包中的止血帶從近端止血。）

接者，教官讓我們演練了一下傷兵脫離戰場的一些方式，以及軟式單架的操作，正當教官在說傳統硬式單架和軟式單架的差別時，有位同學突然驚呼：「這是林清亮教官發明的耶！」

此話一爆出，立刻引起同學們的熱切討論，「沒什麼沒什麼，這是大家一起努力研發的！」教官謙虛地表示。

但一開始提到軟式擔架的各種功能，教官便眼睛發亮，熱切地告訴我們各種知識。

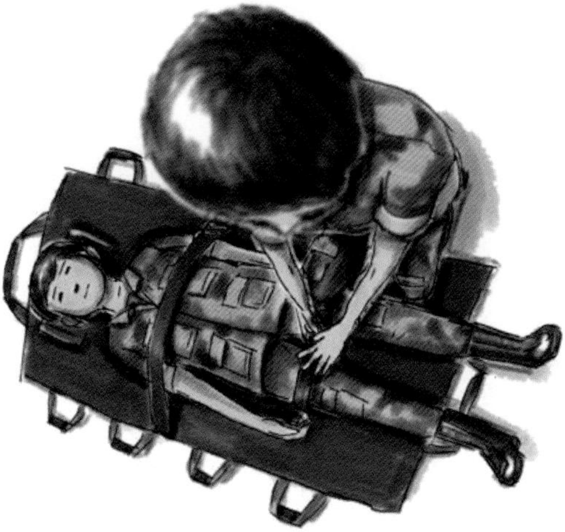

賀信恩　繪圖

軟式單架的設計真的很厲害，巧妙地將墊板收納在背後的暗層中，用簡單的對折就能夠快速收納，而且比較符合人體工學，可以讓病患用比較不壓迫的姿勢被運送，還有一個好處便是在山路搬運時可以緩衝震盪，避免增加更多的傷害。

一開始我們練習了六個人合力搬運軟式單架，六個人齊心協力，由前後各兩位同學拿槍掩護，其他同學快速將傷患移動到安全的地方。

隨後搬運人數逐漸減少，四位、三位、兩位，到了一位單獨搬運病患時，景翔和同學們輪流使盡吃奶的力氣卻只移動了一小步。

「一個人搬運是要技巧的！」教官看到面紅耳赤的我們微笑地說。

隨即，在大家的驚呼下解開緊繃的襯衫，露出健壯的肌肉，歲月絲毫沒有在他身上留下痕跡的感覺，精壯的二頭肌和明顯的三角肌在在都顯示著教官的訓練量。

只見他將背帶一揹，馬步微蹲，一手抓起靠近頭部的套環，一手持槍進行掩護，向後快速的滑動，轉眼之間便移動到了隱蔽處。看到這幕的我們都驚呆在一旁，久久回不過神。

教官說：「軟式單架長約 130 公分左右，所以有時候可以不用把整個人都放上來，尤其是比較高大的人，可以讓他的小腿以下垂在外面便可，如此才不會有重量不平均的狀況，也方便救護人員去搬運。」

因為它輕便易於攜帶，所以這種軟式單架常常被使用在需要快速應急的機動部隊上，像是反恐作戰或是傘兵、航空特戰、海陸部隊或特搜隊等等，不過有些是使用軟式單架需要注意的事項：

1. 需要注意頸椎及脊椎是否有確實固定。
2. 要讓維持病患呼吸道暢通使其可自然呼吸。
3. 頭、頦（下巴），胸與腿部固定帶都要固定。

「那如果受傷的是戰俘呢？」景翔問道：

「如果是戰俘的話，我們會在檢傷之前先採取一種壓制方式，通常會用膝蓋壓在他的胸骨或是鎖骨上方，讓他不能夠伺機行動，有些時候我們也會視情況壓在腹部附近，做好安全壓制措施以防他們詐降。」

「大家想必沒看過槍傷吧！有誰可以說說戰場上最主要造成的傷害有哪些？」

教官雙眼炯炯有神，在他專業的領域內傾囊相授。經過教官的講解，才瞭解到戰傷大致上分為六種：

1. 傳統彈道武器穿刺傷害
2. 爆炸傷
3. 燒傷（燒夷彈與火焰噴射器）
4. 衝擊波傷害
5. 高能武器傷害（雷射、微波）
6. 特殊核生化（CBRNE）傷害

而教官介紹了其中最為人所知兩種，最常見的便是彈道武器（如：槍枝或是刀械）的傷害，如圖一所示：子彈進入組織後產生的腔室效應又會大量破壞組織，形成嚴重的傷害；若是擊中骨頭也可能會產生一些續發性的剝離傷（如圖二）而產生二次傷害。

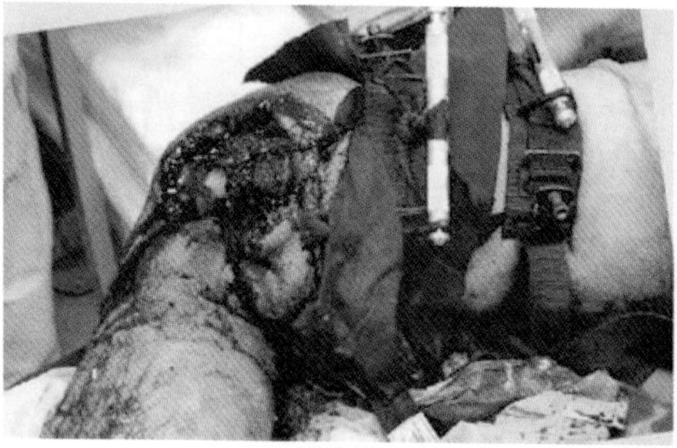

圖一

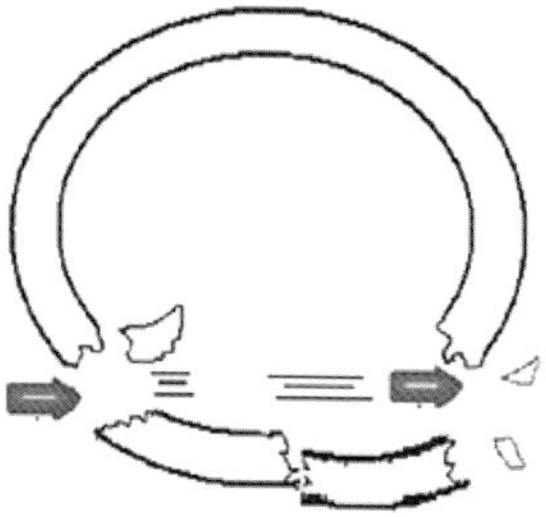

圖二

小辭典：

腔室效應：液體受到壓力的快速改變時會產生空穴，此時的壓力通常相當低，除了液體本身的蒸氣壓，可以說是真空。當環境的壓力變高，空穴分裂，產生強力的衝擊波。

腔室症候群：對肢體、生命產生威脅的一種狀況，是由於身體某部位神經、血管及肌肉在一個封閉的的空間（腔室）中受到壓迫。起因於腔室中升高壓力，造成血管灌流不足，導致組織缺氧而壞死。

補充：

a. 被壓縮的氣體，會成一個球形並迅速的膨脹。產生的壓力在越靠近爆炸中心會相對地越大。這個波會像聲波一樣跨越或是包圍任何阻礙物（包括牆壁），所以躲在後面的人員仍然會受到傷害。

b. 負壓或是吸引力：會緊接著出現在前面產生的正壓之後。

c. 空氣動能：從爆炸處產生的膨脹氣體會把相當量的空氣擠開，而被擠開的空氣會以極高速行進。

而在爆炸類型方面，最基本也是最典型的不外乎是手榴彈，爆炸所產生的震波其實包含了氣體膨脹、負壓或吸引力以及空氣動能三個部分，可怕的是藉由膨脹氣體所推出的碎片具有相當高的動能，因此能產生相當大的傷害。

爆炸型的傷害不單單是外觀看得到的外傷而已，它所產生的震波也會對聽力造成嚴重的影響，可能產生耳鳴或是聽力受損等狀況外，嚴重一些甚至會因為半規管出問題而造成行動上的障礙。因此，現在戰鬥人員平時訓練都會使用耳塞或是耳罩來保護聽力。

除了這些常見的傷害之外，教官還向我們解釋了戰場上可預防性死亡的幾種狀況，其中包括：

1. 四肢出血性傷口
2. 肢體交接處出血（Junctional Hemorrhage）
3. 非壓迫性出血如腹部槍傷（Non-compressible Hemorrhage）
4. 張力性氣胸（Tension Pneumothorax）
5. 呼吸道阻塞（Airway Problems）

最致命的當然是大量的出血導致休克死亡，景翔在教官的指導下開始認識了一些基本的止血方式，想到當時在學 EMT-1 時有學過加壓止血的方式，不過教官所教授的又更為進階。一開始兩人一組，仲邦和景翔這對死黨碰巧又被分到了同一組，他們互看一眼之後，便帶著邪惡的笑容開始在對方手上包紮，過了不久，教官開始檢視各組的操作狀況，經過他們身邊看見他們將對方手包成肉粽時，臉上露出了尷尬的笑容。

教官解釋：KNH多功能創傷繃帶不但能夠用單手自行操作定帶和包紮，也有顯示出血水飽和需更換的功能，能夠更有效的避免血水回滲傷口造成感染，此外，彈性繃帶能夠結合敷料來做不同壓力的需求，具有壓迫止血的功能。

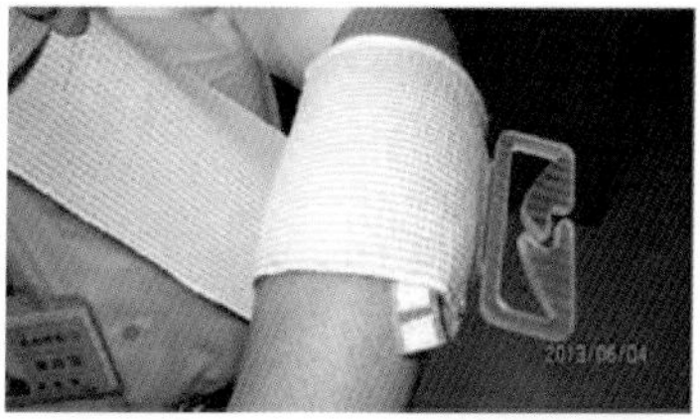

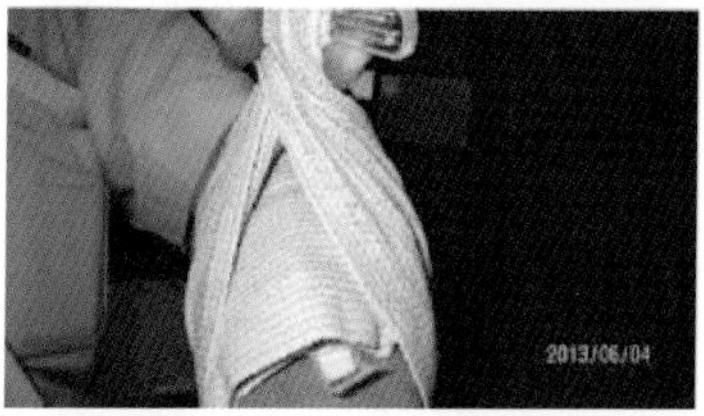

「教官，可是一被子彈擊中通常就有立即性的出血吧！那在戰場上如何能夠快

速有效的控制住出血呢？」一向愛問問題的景翔一看到新奇好玩的事物便不停地詢問著。

「嗯，關於這個問題，在先前未被處理的出血傷口，通常我們都會先移除衣物或是防彈護具，除非是遇到傷口暴露的狀況。」教官答道。

「那什麼時候要用止血帶呢？」

「止血帶通常都是用在大量出血的情況，而只有當戰情允許的狀況下，才可以考慮鬆開止血帶在傷處直接加壓止血或是用止血敷料塞入傷口內加壓止血（Hemostatic Dressings, HemCon® or Hemostatic Powder QuikClot®）。和台灣的急救包裡面不同的是，美軍的急救包裡面都會多一項止血敷料以利於立即止血！這種甲殼素止血棉很神奇，只要將它塞入傷口中，過一會兒便能止血。」

教官一說完，彷彿變魔術一般從口袋中拿出了許多的紗布和止血帶，隨即分派我們小組進行練習。

首先，這是國軍急救包內的基本內含物，還有某個小隊的醫務兵醫療包內容。

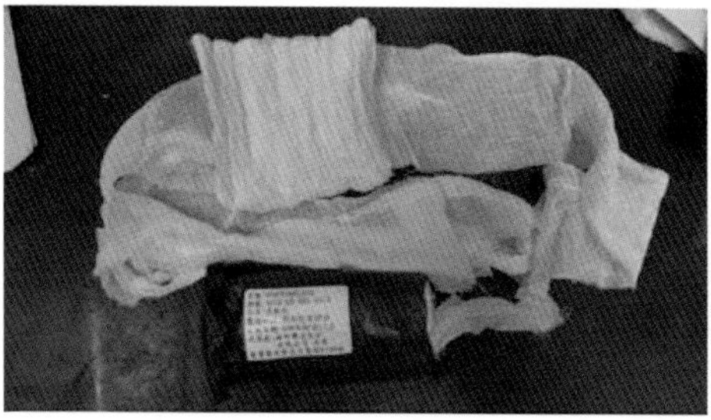

小辭典：
止血敷材 Hemostatic Agent
Chitosan Hemostatic Dressing（甲殼素止血棉）
Chitosan 正電離子（聚氨基葡萄糖；$-NH_3^+$）可促使帶負電的血小板凝聚，進而迅速凝固血液。
多孔性設計，用來增加血小板與聚氨基葡萄糖（$-NH_3^+$）之接觸面積，使凝血迅速；實驗結果顯示，在30秒內即可達到**快速凝血**的效果，凝血速率優於市售競品的一倍以上。而鈣離子和活化的血小板磷脂質表面結合，可促進凝血機制、加快凝血時間。

景翔稍微試了試綁緊止血帶，大約過了三十秒便發現整隻手幾乎麻痺，教官聽到景翔說自己的手麻掉時，悠悠的說了一句「感覺到手麻麻的代表你綁得很好，但是再不拿下來的話，手可能就要截肢囉！」

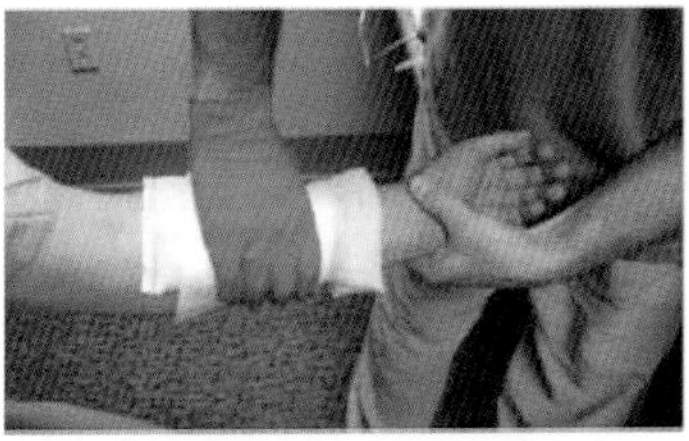

加壓止血法的運用

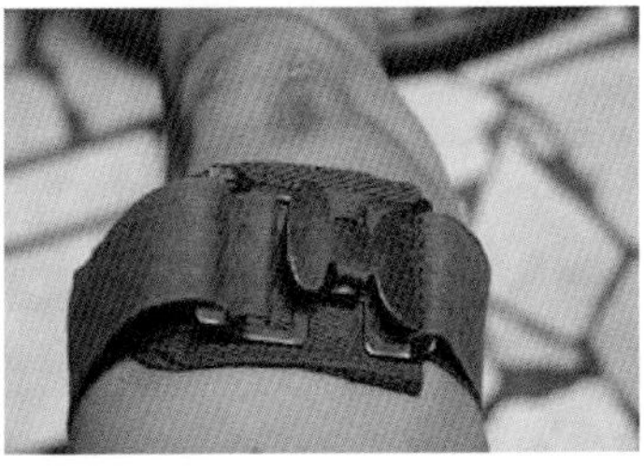

我國國軍目前配置的止血帶

聽到這句話，景翔急忙的將止血帶鬆下，拍打著自己的手臂促進血液的循環。

教官又詳細的說明了止血帶的使用注意事項。

1. 使用止血帶請勿週期性的重複鬆放與上緊過程。如果這樣做的話，可能會造成一些沒有必要的額外出血，二〇一五年時，有案例就因為這樣而產生肢體再灌注傷害（Reperfusion Injury），差點釀成了悲劇。
2. 綁緊之後要測試一下遠端的動脈，確定摸不到脈搏就是成功的止血。
3. 有一些狀況就不能把止血帶拿掉：
   (1) 創傷到必須截肢的狀況。
   (2) 病患已經休克。
   (3) 止血帶已經綁超過六小時。
   (4) 病患兩小時之內到達不了醫院時。
4. 鬆開時機：
   (1) 可以用其他替代方法止血的話。
   (2) 掌握狀況後由專業人士鬆開止血帶。
5. 如何鬆開：
   (1) 首先先慢慢的將止血帶鬆開，並找到出血點。

(2)在傷口上覆蓋戰鬥紗布，如果出血的狀況止住了，就用紗布加壓包紮。

(3)如果止血還是沒有得到控制的話，再將他綁上。

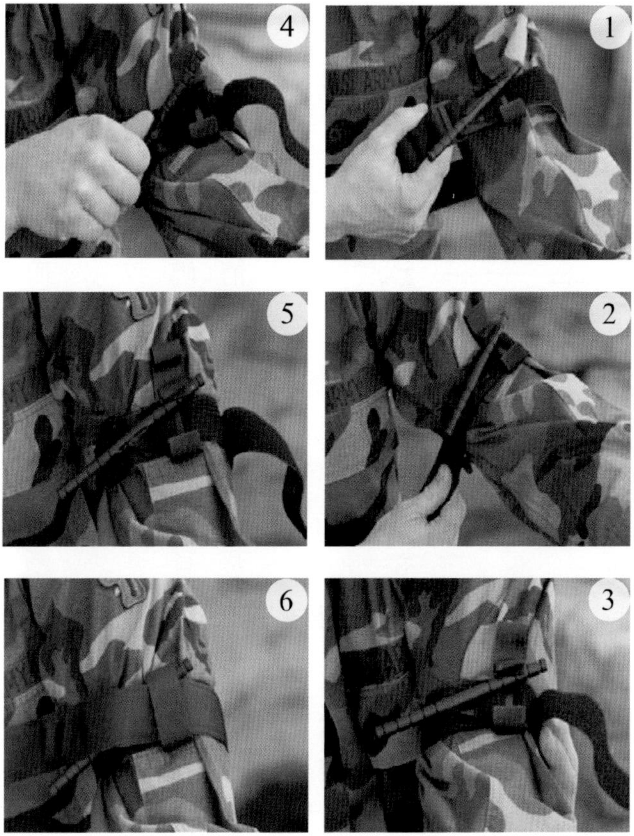

CAT（Combat Application Tourniquet）
戰鬥應用止血帶操作步驟

清亮教官一邊說明一邊示範，再次的強調**止血帶應配置於個人易取得位置，救助同伴時應先用傷兵之止血帶**。通常在同一個國家內都會規定相同的配備要放置在何處，不僅僅是因為看起來整齊，也是因為在戰火交加緊張的狀況下，能夠用最熟悉的方式找到一些應急或救命的工具。

「說到止血帶，你們知道你們的清亮教官也有發明一種止血帶嗎？不信你們等等問他！」一旁的教官悄悄地跟我們說，在我們不斷撒嬌及詢問下，清亮教官有點靦腆地向我們介紹了他的**棘輪式戰術自救止血帶**這項發明

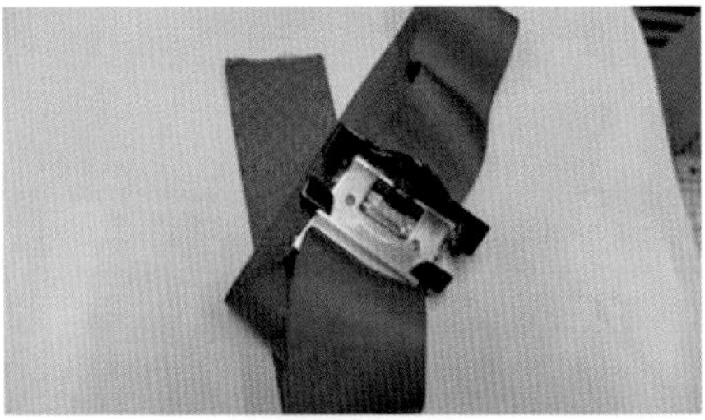

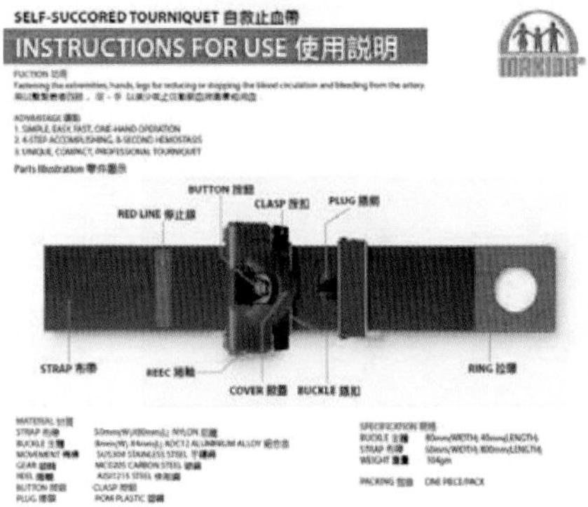

這種止血帶非常的簡單容易上手，單人操作方法更是簡單，首先，圍繞四肢，套入插扣，在上扣的狀態下便可以直接拉緊布帶，不斷地掀動掀蓋，直到止住血之後，便可壓下掀蓋扣住卡榫。因為在掀動掀蓋的時候會發出喀拉喀拉的聲音，因此教官都暱稱他為喀拉喀拉。

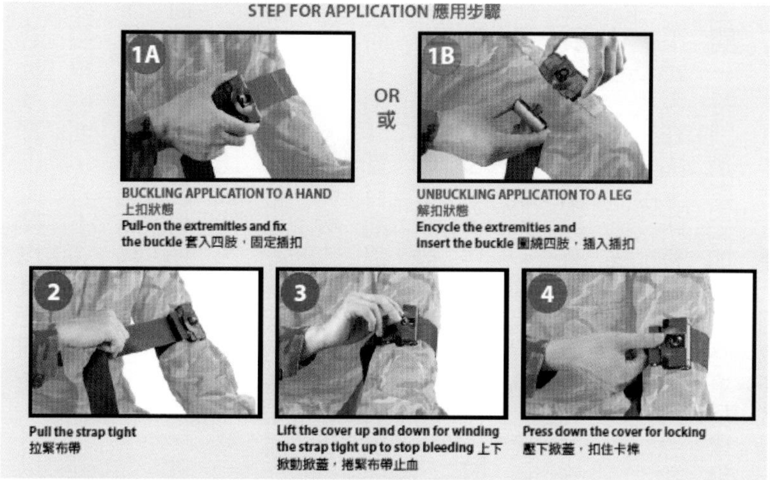
STEP FOR APPLICATION 應用步驟
1A
1B
OR
或
BUCKLING APPLICATION TO A HAND
上扣狀態
Pull-on the extremities and fix
the buckle 套入四肢，固定插扣
UNBUCKLING APPLICATION TO A LEG
解扣狀態
Encycle the extremities and
insert the buckle 圍繞四肢，插入插扣
2
3
4
Pull the strap tight
拉緊布帶
Lift the cover up and down for winding
the strap tight up to stop bleeding 上下
掀動掀蓋，捲緊布帶止血
Press down the cover for locking
壓下掀蓋，扣住卡榫

清亮教官親自示範

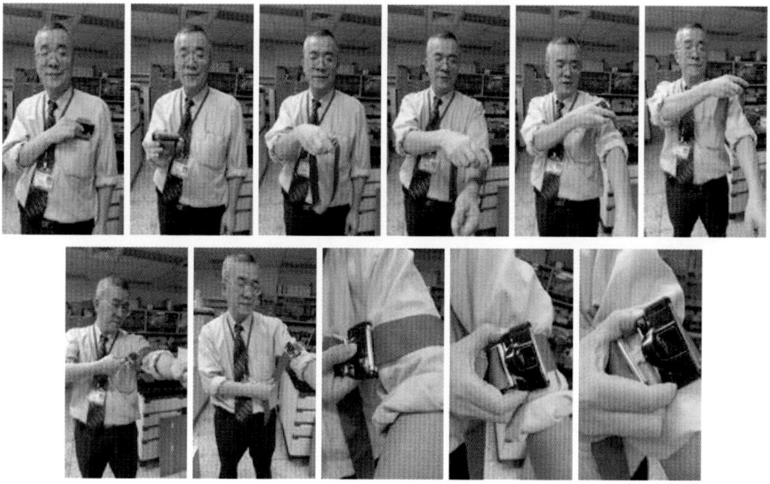

若是沒有止血帶也沒有關係，可以利用繃帶、三角巾、圍巾、撕下的衣服布條，將肢體繞兩圈，打上一個結之後在這個結上端放一隻止血棒，再打上一個方形結固定，如此就是一個簡易版的止血帶了。接著一樣將止血棒轉緊使血流停止，固定好止血棒之後，標註日期和時間之後，就完成了到院前最基本的處理。

還有一種比較特殊的繃帶，叫做「以色列繃帶（Emergency Trauma Dressing）」，這種繃帶在它上面就有設計一個方便包紮的設施，大家都知道繃帶包了第一圈之後，要反方向繼續繞，而以色列繃帶就有一個卡榫，如此便能方便快速的進行包紮。

而各國其實目前都在發展單兵應該要能夠單手快速操作止血帶和繃帶，也是我國多功能創傷繃帶研發的動機。

教官說：有一次在實習醫生查房時，主治醫師特別叮嚀敷料濕透便要立即更換，由於過去物資較缺乏，普遍認為一天只要換兩次就好，不用換的這麼頻繁，所以就想說要創造出一個具有可以顯示吸濕飽和功能的外傷繃帶，來降低傷口的感染和病患的不適。

不過現在國軍所有的個人攜行急救包仍然是傳統的規格，功能上還有很大的改善空間，特別是要去加強因應單兵單手操作和加壓止血的功能需求，單手操作這些急救方式其實非常重要，因為在戰場上，如果在沒有人能掩護你的狀況下，要活命就只能自立自強，但是這時候你剛好是手受傷，那麼單手去操作這些器材才能夠在不影響到戰友的狀況下為自己創出一條生路。

聽完這段話之後，景翔就想到之前在電影裡看到的雷恩大兵，在突破重重的封鎖線之後，用葉子和樹藤做止血包紮的場景歷歷在目。

而前軍醫局局長范保羅中將與前國防醫學院張德明院長也有指示要求全新規劃、設計、研發國軍單兵攜行自救急救包模組，以利這種狀況和急救品質的提升。

「好噁心！這個人怎麼鼻子的地方全部都爛掉了！」當教官放出一張血肉模糊的照片並說明這是呼吸道問題時，大家忍不住發出了驚呼。

在常見的呼吸道戰術照護方面，首先我們會先想辦法暢通他的呼吸道，除了最基本的壓額抬下顎法之外，也會用手去稍微挖出口中的阻塞物，接者可能會插入口咽管或是鼻管等等的環甲膜切開術套件（Cricothyrodotomy Kit）去幫助傷患呼吸。最後再讓傷患採取復甦姿勢等待近一步救援。

而在戰場上更常見的便是氣胸，一顆子彈穿過肋骨後便容易造成氣胸。氣胸即是因為傷害到肺和胸壁，使得肺和胸壁之間的空間塌陷的一種情形，然後慢慢地壓迫到心臟等組織，而其中更為常見且致死率極高的張力性氣胸。

雖然張力性氣胸非常的致命，但其實有一個很簡單的方式可以化危機為轉機，大幅增加傷患的存活率，那便是：針刺減壓！

針刺減壓便是用14號針在第2到第3肋間鎖骨中線處戳入，聽到有氣體排出的聲音便代表病患有順利排出氣體也脫離了危險期，張力性氣胸的話可以利用單側的呼吸音去檢測。而進一步可以在第五肋間腋中線的位置放入胸管及胸腔引流瓶幫助壓力釋放。然後利用雙片式胸封（Chest Seal）防止氣體再次進入，如此就完成了初步的急救。

小辭典：

張力性氣胸：又稱高壓性氣胸，常見於較大肺氣泡的破裂或較大較深的肺裂傷或支氣管破裂，其裂口與胸膜腔相通，且形成活瓣。故吸氣時空氣從裂口進入胸膜腔內，而呼氣時活瓣關閉，不能讓腔內空氣回入氣道排出。如此，胸膜腔內空氣不斷增多，壓力不斷升高，壓迫傷害肺臟使之逐漸萎陷，並將縱隔推向旁側，擠壓健側肺，產生呼吸和循環功能的嚴重障礙。

對軍醫來說，在戰場上不僅要有嚴密謹慎的態度，更重要的是隨機應變的能力以及處變不驚的精神力，這幾堂嚴謹有規劃的訓練不僅讓我們對各種創傷的處理方法有所了解，也對於「戰術性」的醫療有更進一步的認識。

「在軍隊中，快速醫療應急是非常重要的，其實在戰場上因戰傷而死亡的傷兵有70~95%發生在到院之前，而決定傷兵能夠存活的最大關鍵因素為其身旁之同袍所能提供之急救照護，使用簡單快速的方法預防，便能使百分之二十四的傷兵免於死亡，而我們軍醫所扮演的角色便是戰時緊急急救以及後送醫院之後的進一步治療，這是件非常緊急且重要的工作！」教官說到這邊，頭不自覺地稍微向上揚起，彷彿以身為一位軍醫為傲，堅毅的臉上流露出滿滿的信心，不禁令人肅然起敬。

「好，今天的課程就到這裡，解散！」

迷彩大叔的叮嚀：

陳穎信醫師

一、「軍以戰為主」，戰爭中一定會出現傷亡，如何救死扶傷是遠比野戰勳章更為重要的事，軍陣醫學中最精華的部分莫過於戰術醫療（Tactical Combat Casuality Care / TCCC）。

二、戰術醫療三階段的程序：敵火下作業、連集合站、後送。以上三階段的醫療救護與民間平時的緊急醫療本質上有許多不同，唯有平時在理論與實際上充實，才能在戰時於戰場上靈活運用、游刃有餘。

三、戰術醫療這是我們軍醫特有的專長，也是保護同袍與自身的有效武器。戰場上的緊急醫療是身為一位軍醫責無旁貸的責任，也是身為軍醫人員最需要學習的技能。戰場上能夠多拯救一條性命，有賴於平日的流汗訓練，唯有勤訓精練，才能真正救死扶傷。

第五章

野外醫學 M113 粟健綸

野外醫學

「起床啦～～」志軒站在床前，在金屬床緣敲出非常不搭的給愛麗絲，「太陽曬屁股，而且學餐要關門啦！」

「現在才七點多，再讓我睡一下啦！」健綸一個側翻，整個人立刻消失在棉被中，「現在是暑假時間，沒道理別人爽我們苦命呀～～」

「可是今天早八就有課耶⋯」

「早八個毛啦！沒聽過天天滿堂，神仙也亡。」健綸稀哩呼嚕的回道。

每年暑假不能放假，必須額外進行身為軍人所需要的各種訓練，好在國防醫學院替學生著想，將各種訓練侷限在軍醫的養成教育，因此不需像其他軍校鎮日頭插兩根草、滿山遍野跑，只要好好的在校學習即可，但這對於本身就在軍陣醫學研究社浸淫三年的健綸和志軒而言，這樣的課程的確是稍微簡單了。

「痾⋯這麼說也沒錯啦⋯」志軒愣了幾秒，「不過翹課也太浪費國家栽培我們的好意了吧，更何況也是有學到一些東西呀！」

「是沒錯，但你還記得，當初我們 EMT-1 的考試時，我們的測驗成績嗎？」健綸越講越起勁，總算是從被窩中探出頭來。

「不記得了…」志軒搖搖頭，「只是好像分數很高而已。」

「那時候整個救護流程要求要在十分鐘內完成，同學們平均在八分半，我們則是六分鐘。」

「原來我們這麼厲害？」

「是的，但是你有像同學們一次又一次地努力練習，然後緊張兮兮地低分飛過嗎？」面對健綸一連串的提問，志軒只能愣愣的搖搖頭，「沒錯，那時候我們很輕鬆愉快的過去測驗，再平安喜樂的回去耍廢，於是小鎮村還是小鎮村，沒有紅鼻子電話也沒有飛天小女警，所以還是讓我睡覺吧…」

「好唷！但話不是那麼說。」儘管講到口水全無，志軒還是一臉微笑的把棉被和枕頭整床拉掉，然後把一臉錯愕的健綸直接拖下床，「反正跟我走不會吃虧的，而且今天可是有好幾個大咖要來呢！」

於是志軒和健綸還是坐在教室裡了，只是早上的一輪爭辯讓兩人終究是錯過了早餐，這使得本來精神就不好的健綸看來更加萎靡，整個人縮在椅子上，像個九十歲的老頭似的，只是一八〇公分的身高讓這幅景象顯得更加突兀。

「所以今天早上是講啥啊？」健綸邊說邊打了個長長的哈欠。

「我看看…就是他，講台前穿長褲，戴魔術頭巾那個。」

「嗯…穿著黃黃綠綠的，是森林還是香蕉？」

「靠么…人家可是鼎鼎大名的麥覺明，你是沒吃早餐餓壞腦袋了？」志軒道，「而且說森林也是沒錯，之前名聞一時的中央山脈大縱走計劃就是由他完成的，你知道要怎樣在三千公尺的山上存活三個月嗎？」

「我想只要是猴子都可以吧~~」健綸在椅子上不斷扭動，活像是麵包蟲似的。

「我覺得薑黃色比較適合…痾，不是，」志軒搖了搖手，「總而言之，他很有名，我們院長也是他的粉絲呢！」

「好好，我信你，那聽他講，你安靜。」

「……」

「讓他講，我聽他講。」健綸比了個安靜的手勢，將注意力移回到講台後的大布幕。

各位好，今天很開心站在這裡，我是麥覺明。

今天主要是要和大家分享我們 MIT 台灣誌—中央山脈大縱走的始末，那是一個二〇一二年開始、二〇一三年結束，前後橫跨四個月的龐大計畫，所以當然，今天三個小時肯定是不夠的，因此待會有任何問題，請直接發問。

「麥覺明麥導演您好……」

「請叫我麥導就好。」

「麥導好，不好意思一開始就發問，但其實我很想知道，為甚麼麥導願意如此毅然決然投身山林，又為何會興起中央山脈大縱走這樣的念頭？」

其實，這就是一種因緣際會，因為大學加入綠野社而接觸山林而從此愛上這片台灣最廣袤而多姿的青綠，為避免越說越多，終而離題，我只能告訴你，台灣是一座充滿豐富生態環境的小島，就算花上一輩子的時間也走不完。

而第二個問題的答案也是來自一次偶然發想，MIT 台灣誌自二〇〇二年開播，十年來上山下海，於是我就想十年紀念一定要來個特別的計畫，而中央山脈，全台灣最長的一條山路，雖然不少人已經完成了中央山脈大縱走行程，但說到拍攝我們倒是第一批，發源於此，這個計畫的雛型就此展開。

中央山脈北起蘇澳、南至鵝鑾鼻，總長三百四十公里，是台灣最長的一條山脈，中央山脈大縱走計畫預計在九十天完成，而事前單是規劃路線、器材、補給就花了半年時間，綜觀而言，計畫大得不可思議，一直到出發前，看到滿地的行李我還覺得挺不真實。

大縱走計畫時間長，器材量也多得嚇人，帳篷衣物、食物飲水，以及不可或缺的攝影器材。且高山不若平地，天氣好則艷陽高照，天氣差則陰雨連綿，因此所有的裝備都必須放進防水袋，尤其是電池、錄影帶這些電子裝備。

一般人登山都是用大背袋把東西全部裝進去，但我們這許多防水袋就必須把他們橫躺後整個綑紮起來，然後一樣背起來。

十一月，我們從南港中視出發前往宜蘭大同鄉南山村，準備進山。其實，進山的時間我們已經晚了一個月，這麼長的旅程，又在平均三千公尺海拔的高山，除了要避免夏天颱風的狂風暴雨，還要避開伴隨東北季風而來的落雪。

南山村是泰雅族的村落，在過去整片山林都是泰雅族的獵場，因此我們特地請尤達斯（泰雅族語，即泰雅族長老）在出發前替我們向山林的神靈及泰雅祖靈祈福一番，尤其是指引獵人方向的芒草，特別可以感受到過去住民們對於山的敬畏和謙卑。

我們沿著過去曾經繁盛一時的七一〇林道向上，經過了最後一個太魯閣國家公園管理處的信箱，再往上才算是真正的開始大縱走計畫。其實這個信箱是給入山的山友投放入山證的，如此颱風來時，太管處才能確認還有哪些山友還在山裡，當然，登山安全最重要的還是要帶上足夠的裝備，以因應各種突發狀況。

山上的生活，很簡單，所謂日出而走、日落而息，太陽下山後的生活就是卸裝紮營、取水煮飯、熄燈睡覺。

「麥導，其實我是想問，為甚麼要取水呢？」

「其實，說到這個，我們這樣長途跋山涉水跟你們武裝行軍也是挺類似的，看來除了對山林的熱愛，我們也是有許多共同點，不過你們年輕人，體力好。」麥導語畢，哈哈大笑，言談中難掩豪邁。

這裡先介紹一個三三三法則，人類在失溫下最多支撐三小時，可以三天不喝水，最多三星期不進食，所以最重要的第一個保暖，第二個就是飲水。三千公尺以上就不是天天可以找到水源，而假設一人一天一公升飲用水，九個人四天加上緊急用水，五六十公升就跑不掉，因此，平常早晚餐用水一般都是取附近的溪水，甚至所謂冬瓜池的上層清水。至於平常那些全身髒汙油膩，卻還能談笑風生的才是登山界的箇中高手。

第一天的好天氣到了第二天凌晨就暫時告一段落，凌晨時分雨點落在外帳上叮叮咚咚的聲響讓我們更難以抗拒睡袋溫暖鄉的誘惑，反倒是隨隊的醫師不改早起本色，四點就已經巡房了一輪，想必

（照片來源：MIT 台灣誌麥覺明導演提供）

也拍下了大家最熟睡真誠的一面。

今天我們要直上審馬陣山，審馬陣山海拔三一四一公尺，百岳中排名八十二，不算靠前，但卻是我們行程中第一座百岳，因此特別有意義。而且三千公尺的高度加上風速效應，我們的體感溫度都已降到零度以下，這時服裝上的保暖相形重要許多。一般登山時服裝會分成三層，外層必須防風防水、中層保暖、內層排汗，如此才能讓身體不至於著涼受凍，而連衣帽、口罩則是在遇到強風颳雨時適時增加。

度過南湖北山，迎接而來的是大縱走第一段的困難地形，五岩峰。五岩峰，顧名是由五座處處灰黑裸露岩質的山峰連綿而成，踏腳處僅稜線一脈，東邊絕壁千仞，西邊斷崖萬丈，稍有失足，你就只剩幾秒鐘的時間決定是要直達台中或是飛抵宜蘭。然而，越險惡的地形，總是會生長著更加強韌的生命，玉山圓柏，五岩峰很特別，無論何時上峰，這裡的風總是颳得厲害，但這也造就了玉山圓柏的盤根錯節、遒勁古奇。其實別看山頂上的玉山圓柏總是低矮盤旋，那是終年風剪和冬天雪壓的結果，若是再稍微低矮的海拔看見玉山圓柏，有些甚至可以長到十層樓更高。

平安通過五岩峰，經過南湖北峰，我們終於有了一登南湖大山的資格，南湖大山又稱帝王之山，列台灣五岳之一，也是北段最高的山岳，標高三七四二公尺。其實說起來好像大家都不太認識南湖大山，但真的說出來各位肯定很熟悉，因為新台幣兩千元鈔票上的圖案就是櫻花鉤吻鮭和這個帝王之山，可以知道，雖然僅略有所聞，但她卻是從容優雅地伴著我們。

帝王之山三七四二公尺，但接著我們要直下到二三〇〇左右的中央尖溪，因為為期三個月的計畫不可能帶滿全部的補給，因此只好分段進行補給，吃得七七八八的食物替我們減輕了不少的負重。但單日下降超過一千公尺的意義在於，明天我們要再重新爬升回原本高度，想到這個，我是無奈卻不得不為之，倒是隊員們看到久違的溪水都興起了洗去一身髒汗的渴望，只是如此高海拔的溪水又能讓我們在裡頭堅持多久呢？

（照片來源：MIT 台灣誌麥覺明導演提供）

隔天，我們陡上北一段最後一座山，也是三尖之首的中央尖山，夜間用過晚餐便早早就寢，以為隔日的死亡稜線做最好的準備。

不論是山友還是原住民總是避談死亡，因此死亡稜線其名字是其來有自，這段路是大縱走行程中最困難的一段，但也是必經的一段。

說老實話，大縱走計畫之所以放到這十周年紀念一大部分原因也是來自於此，畢竟這段路給我們的壓力實在太大，為此我還特地訂做了一批新的角釘，可惜最後死亡稜線岩性過於鬆散，仍是沒有派上用場。

死亡稜線不同於五岩峰，這地方第一個岩性鬆散，簡單說就是碎石片很多，第二個是垂直的峭壁很多，因此儘管有繩索吊掛裝備仍是十分危險。平常老人謙遜叮囑、年輕人戒慎恐懼，這次倒是我替這些技術精熟的高山嚮導們擔心受怕了。尤其是死亡稜線中段以後的斷崖崩壁，走在不斷有石子滑落的山徑上，實在讓我不得不全神貫注，特別是下面雲霧繚繞、深不見底，只能聽見落石到底時回傳的遙遠聲音。

說到這個，就必須稱讚我們的攝影師敬業的態度，肩扛式攝影機本身就不好平衡，尤其我們又是走在這種九死一生的路線。最後我只好壓著他關機，只是這樣子最驚險的一段你們就是無緣啦，這種最接近天國的時刻是只有親自去才能完全體會的。

一路挺進，在合歡山松雪樓又拿了一次補給，這一天我們來到了奇萊山。奇萊山素有黑色奇萊的稱號，只因為她過去實在有太多不好的案例。但與過去也是迭遇險境的登山隊員詳談之後，我們都有共識，往往在山上遇到的困難反映的都是登山者準備的不足，而且奇萊山也不一定是都是風強雨驟，至少，六年前的那次就是風和日暖、晴空萬里。

這一次，我們做足了準備，然而，整日不散的風雨雲霧、甚至冰雹仍是讓我們吃盡了苦頭。強力的橫向風切迫的我們無法維持一路縱隊，隊伍分成三段，且越拖越長，好在在呼嘯的山風中，高音哨多少還是能傳遞一些訊息，也慶幸如此，整個奇萊之行才沒肇生更大的問題。但屋漏偏逢連夜雨，不止歇的雨水終究還是讓我最害怕的事情發生了。

到了奇萊山屋隊員們通通鬆了一口氣，一下子氣氛輕鬆了下來，而攝影機似乎搭上了這股氛圍，原先只是自動增加朦朧底色的攝影機徹底絞帶當機，而手提式攝影機也開始出現了雲霧特效，隔空聯繫總部的工程師，判定所有都問題來源自所謂「後天雨水適應不良症候群」，沒辦法，只好決定在山屋多待一天，並且從總部快遞一台攝影機上來。

「麥導，其實我很好奇，按理說這種計畫應該每一天都有預定行程，可是前面說延遲了一個月，在這邊又因為氣候多休一天，這樣不會有問題嗎？」

「雖然每次只要停下來休息一天，花費掉的金錢與時間看似是種浪費，但是如果能夠適時地停下來休息、整頓裝備、調整心情，能讓大家更有勇氣去面對接下來的路程。」麥導說著說著又笑了起來，具有強烈渲染力的笑聲在會場迴盪。

連日走在海拔三千公尺上下，零度以下的溫度讓整支隊伍吃了不知道多少苦頭，尤其是每日起床穿上濕襪子的那一刻，真的是讓人糾結萬分。除此之外，濕透了的裝備讓負重一下子增加了許多，一頂 3.9 公斤的帳篷，加了上面的溼氣就變成 4.5 公斤。但總歸，我們還是上路了，只是接下來的能高主峰，也不是一個容易攻克的目標。

在事後的回想，這一段是我最接近放棄的一段路，十天大小不一、卻不間斷的雨，增加的負重、泥濘的路，隊員們或多或少的筋骨痠痛、傷風咳嗽，好在全體隊員儘管都面色如菜，但卻都咬牙苦撐，最後大家總算是撐過了那最辛苦的一段，否則，我現在或許還在準備重新來一趟呢。

往南一路，天氣是越來越好，到了三叉山已經是艷陽高照，曬得大夥們頭皮微微發麻，但是經過這麼多天的路程，卓哥（隊伍中一位高山嚮導）一語道盡隊員們心聲，「寧可烈日灼身，也不要風吹雨淋」。到了嘉明湖，原先只是稀疏嬉戲的水鹿已經是成群結隊出現，而且嘉明湖的水鹿可能人看多了，完全不怕生，甚至隊員們連上廁所時都得成群結隊，才不至於被水鹿整個搬走。

「請問麥導，為甚麼鹿群要在隊員們一上完廁所就全部撲上去呢？」

「其實可能過去幾年嘉明湖登山人群增加，所以水鹿群已經不怕人類，你走過去，他們也只是稍微避開，並不會遠遠逃避，而包圍隊員其實他們是要補充礦物質、鹽分等，至於具體的補充方式，就各憑想像啦。」

中央山脈湖泊眾多，但標高三三一〇公尺的嘉明湖有著「天使的眼淚」的稱號，僅次於雪山翠池，除此之外，寶藍色的湖水面也有著「上帝遺失在人間的藍寶石」之名。嘉明湖白天固然艷麗，但豐富經驗的山友都知道這地方的晨光才是最富盛名，嘉明湖的晨光除了曦陽變幻莫測之外，聽覺上也有同樣多層次的享受，風拂過湖面，有時是陣陣松濤、有時是潺潺溪水，特別是剛過大寒時節，半個嘉明湖表面凍在一片波光粼粼中，當真是感嘆造物主的奇妙。

賀信恩　繪圖

嘉明湖已算是南二段最後，再往後幾天，攻頂卑南主山，這趟旅程算是畫下了一個完美的句點，山上在拍、山下在播，歷時三個月的拍攝，終於再次回到文明與自然的邊界，心中的感動實在難以言喻，那時候是這樣，現在想起來，依然那樣，我想再之後回想起來，仍舊如此。

行程在高雄藤枝下山，整趟下來我必須大大感謝我們攝影師，沒有他的敬業，我們無法拍攝這些自然的瑰麗、山岳的奇險，各位大概也仍然分不出紅檜和扁柏；第二，我深深感謝這些合作已久、經驗豐富的高山嚮導們，他們對這整片山林的熟稔仍是我們難以望其項背，他們出生於此、長大於此、也終老於此，是與台灣這塊土地最為難以切割的一群人；最後當然還要感謝策畫及製作團隊，不過這個就留待回去再自己說啦。

三個小時過很快，雖然時間太短沒能分享甚麼，但最後還是祝福各位。

「MIT 台灣誌⋯」麥導大聲喊道，而學生們回應著：「國防醫學院／麥導，成功！」

一下子，會場中燈光大亮，只見投影幕仍定在最後一幕，全場卻已隱隱騷動，而麥導仍緊緊握拳。

「不錯吧，我覺得麥導超有魄力的，你覺得呢？」走在往學餐的路上，志軒與高采烈的說道。

「我也這麼覺得，尤其是最後一句，成功。」

「真的齁，整個演講我越聽越感動，看到死亡稜

（照片來源：MIT 台灣誌麥覺明導演提供）

線時我還替麥導捏了一把冷汗，不過最後他們登頂卑南主山差點我都要流眼淚了，果然是王道派的 Happy Ending 最棒。」

「同意，所以你的感動就把我喚醒了，在最後關頭。」

「你的意思是……」

「燈光太暗，儘管椅子不舒服，走啦，吃飯去。」

「嗯！吃飯去！」

下午課程，健綸與志軒一進到教室，教官便已半慵懶半從容的坐在講台前閉目養神，臉上勾勒的皺紋、頭頂稍白的髮，總透著一股隱居高人的孤傲。

「各位同學，我是本校七十五年班的畢業校友。（年班為畢業年分，筆者為一〇八年班）」教官中氣充沛，眼神快速掃視，輕易地就掌握了現場氣氛，「今天很榮幸回到這裡，與各位分享山務經驗。」

教官私底下是個幽默近人的長者，只是有禮的談吐卻總是掩不下在許多緊急事故現場培養出來的敏銳與專業，今天請他來談高山救援，倒是限縮他的專業了。

高山救護主題在幾天前已然大致介紹過一遍，但經過教官更加簡潔的區分下，高山上容易出現的緊急狀況大概有以下幾點：

1. 急性高山病（Acute Mountain Sickness; AMS）
   - 有頭痛症狀，加上頭暈、失眠、噁心或嘔吐、虛弱其中一個症狀。
2. 高海拔腦水腫（High Altitude Cerebral Edema; HACE）
   - 急性高山病症狀、意識不清或步態不穩（如註），三項中有二項。
3. 高海拔肺水腫（High Altitude Pulmonary Edema; HAPE）
   - 運動時呼吸困難、咳嗽帶血、發紺、胸悶，且休息時仍不停喘氣，無法好轉。

小辭典：

註：HACE 導致的步態不穩可透過 SRT（Sharpened Rhomberg Test）進行測試，方法如下：

- 雙手交叉放在對側肩膀、雙腳一前一後腳尖對腳跟連成一條線，閉眼維持姿勢六十秒。
- 期間眼睛睜開、手鬆開、腳移動皆視為測試未通過，連續未通過二至三次即極可能為 HACE，建議盡速下降高度。

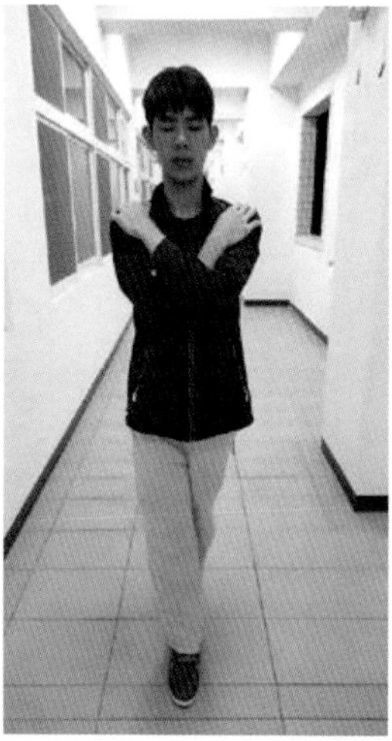

一般來說，超過二五〇〇公尺的高山即可能發生 AMS，也就是說大家喜愛的玉山塔塔加鞍部即有可能發生，且最常發生的 AMS 由於症狀都像是普通感冒，因此高山上一旦出現上述徵兆，首要考慮就是 AMS，接著原地休息，切莫繼續向上登頂，或住到更高的高度。

另外，其他許多狀況都有可能增加 AMS 的發生率，包括：

- 絕對高度超過二五〇〇公尺以上。
- 爬升速度過快，例如從平地駕車直接上到塔塔加或青藏鐵路。
- 個人曾有 AMS、心衰竭、COPD（如註）、肺動脈高壓等病史。

註：【COPD（Chronic Pulmonary Obstructive Disease），即慢性阻塞性肺病。】

「其實，現在比較專業的團隊，或者搜救隊都會帶有丹木斯（Diamox，高山症用藥），或者（Portable Altitude Chamber; PAC）（攜帶式加壓袋）。」教官邊說邊指到地板上一個紅色的睡袋狀塑膠艙，「AMS 發病原因簡單說就是因為高山氣壓低，造成腦部缺氧，所以 PAC 原理就是營造一個封閉而相對高壓的環境，就像是飛機內部對於外界環境。」

「應變 AMS 最好的方式就是下降高度，而 PAC 可以在十分鐘內增加約 0.14

（0.136）個大氣壓，也就是約下降一千五百公尺的高度。」教官很理所當然地看向健綸，「所以，現在我需要一個自願者來做示範。」

「欸~去啦。」志軒在一旁竊笑，因為軍陣醫學研究社關係，兩人與教官都算相識，不過這一次既然是健綸被挑上，那順水推舟當然少不了。

「我有…輕微的幽閉恐懼症。」

「教官！健綸自願！」

號稱最具技術性、也最貴的拉鍊拉上，整個世界頓時彷彿日蝕般暗了下來，聲音也隨之模糊，只有稀微的光線通過那大約十公分見方的朦朧塑膠窗格，透露著與外界間的聯繫，隨著冷風一陣陣從頭頂附近注入，整個空間開始微微燥熱、氣壓升高則帶來耳膜不適，幸好，壓力很快就到了預定值，只是為了維持內部的氧氣濃度，冷風仍是一陣陣灌入。

「讓患者在PAC裏頭待個約30分鐘，等同於約下降一千五百公尺高度的環境後，再打開這個洩壓閥，進行第一次洩壓，期間記得，要持續注意患者的意識狀況。」

教官話剛結束，眾人就撲上去對著PAC一陣拳打腳踢。光線沿著從齒縫逐一透出，反而塑膠窗上結起了一層水霧，光線又更加迷濛。

「進去之後有甚麼感想嗎？」

「耳膜鼓脹、環境偏熱，還有…剛剛踢我的，咱們晚上慢慢聊呀！」健綸惡狠狠地說，台上台下倒是笑得東倒西歪。

「最後，再補充幾點 AMS 的相關事項。第一，AMS 潛伏期約二至十二小時，也就是常常下午到目的地，結果晚上開始頭痛，而且，每個人症狀輕重也不一定，我可能睡一覺就好，但你或初學者就建議原地休息，並想辦法盡速下山。第二，要避免 AMS 發生及減輕 AMS 症狀，可預防性使用丹木斯，並且做好高度適應，也就是每隔一定高度就稍作休息。」

「以上，下課。」

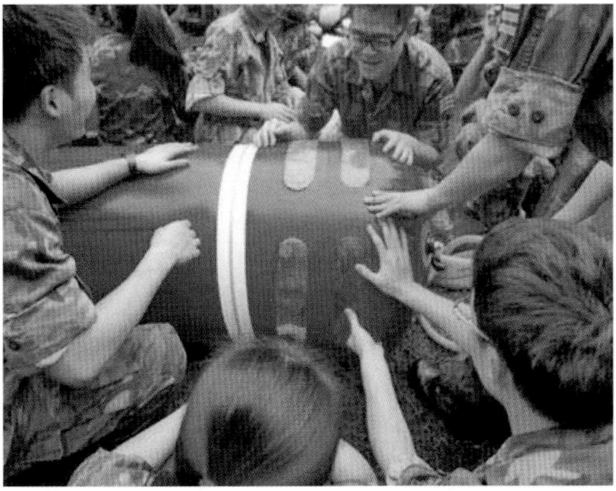

「啊哈哈哈，我想你剛剛肯定沒睡著吧？」志軒一臉壞笑。

「嗯…其實裡面蠻舒服的，光線適中、溫度剛好、軟硬度也不錯，只是頭頂一直有冷風，讓我想到了鬼吹燈。」

「那樣天搖地動你也睡得著？」

「我媽說，九二一的時候我也是一覺到天亮。」

「…那時候全台倒了多少房子，你都不怕喔？」志軒仍是半信半疑。

「那時候我家住花蓮，屋頂是茅草混泥土，別說根本不會塌，塌了也壓不死人，更何況，災情沒出來前，誰知道九二一這麼嚴重？」

「啊啊，抱歉，是我本末倒置了。」

志軒笑的開懷，健綸倒是白了一眼，「這是倒因為果好嗎？」

「是是，不過茅草屋真的這麼堅固嗎？」

「誰知道？」

「啊你家不是住茅草屋？」

「唬你的。」

「唬我的？」

「這年頭誰還住茅草屋？」健綸即使講了一連串屁話，臉上神情仍是一派淡然，完全不見起伏，倒有點像是別人說的撲克臉了。

「靠…你耍我？」

「沒有，」健綸眼明手快，一把抓住志軒揮下的拳頭，「住花蓮是真的，花蓮蛇很多也是真的。」

「還好我們香港人多蛇少，你不覺得爬蟲類那種光滑閃亮的樣子很噁心嗎？」

「那你一定要聽聽今天下午的課啦~」一把把想要起身的志軒壓回座位，「去哪呢？等一下課就在這裡上呀…」

「各位午安，大家對我應該不陌生吧！」穎信醫師在台前，眉飛色舞著，「課程總負責人，比較勤快些，各位每天都會看到我。」

「我們廢話少說，因為時間不夠，」醫師笑了笑，「台灣地靈人傑，不只人多、蛇也多，而這麼多蛇當中五十五種卻只有十九種有毒，今天就來說說其中最耳熟能詳的六種。」

「是說台灣蛇真的很多嗎？這樣我在學校會不會碰到呀？」

「當然很多呀，這禮拜我家附近就抓了五隻，學校我就不清楚了，但估計差不多吧。」

「這麼多？」志軒一臉慘白，「這樣你們家小狗出門散步不會有問題嗎？」

「沒有感覺，而且蛇怕你都來不及了，哪裡會主動攻擊。」

「其實健綸講的沒錯，一般來說蛇類是非常怕大型動物，不論是人類還是狗，所以只要不是強硬的威脅到蛇類，一般他們都是選擇迴避，所以打草驚蛇其來有自。」醫師補充道，「但是大家知道多近會引起蛇類的攻擊嗎？」

「欸，說話呀，蛇類專家~」被醫師直接盯著的志軒不好意思又在課堂上大聲嚷嚷，只好偷偷的用手肘頂了一下健綸，沒想到卻被毫不客氣的打了一下。

「不清楚，但估計一公尺吧，我的經驗。」

「咦？這也可以有經驗？」

「我說花蓮蛇很多，我們國小又是樹特多的那種，光是六七人環抱的茄冬樹就有七棵。」

「所以呢？」志軒一臉興致盎然，跟健綸當真是兩個極端，一整個違和，只是大家似乎也都開始被健綸所吸引。

「你好煩⋯⋯然後有一次我們在樹下挖蚯蚓的時候，突然一條綠色的蛇掉在我跟另一個同學旁邊，砸在枯葉上發出好大聲響，一開始沒事，但我一看是條青竹絲，就反射性的把同學往後一推，那時候就是一公尺。」

「哇賽！看不出來你人這麼好。」

「看不出來你這麼吵⋯⋯那時候我我們都是蹲在地上，我一推，同學向後就倒了下去，結果我比較慘一點，重心稍微向前偏了十幾公分吧，於是還懵著的青竹絲就朝我咬過來了⋯⋯」

突然有人尖叫了一聲。「叫什麼⋯⋯？」

「又不是我叫的，」志軒委屈的說，「所以你就被咬了嗎？咬在哪裡？痛不痛呀？」

「不知道，我那時候手上鏟子一甩，正好把他打飛了。」健綸講到故事精彩處，仍是輕描淡寫帶過，彷彿那時被蛇攻擊的不是他，而是他同學，倒是其他人聽到危急處不禁捏了一把冷汗。

志軒閉起雙眼，一邊揉著太陽穴一邊說到，「我是完全相信你辨的到這種事，但是為甚麼你挖蚯蚓的時候會有鏟子啦？」

「你誤會了，我不挖蚯蚓，只是陪他們而已，鏟子則是因為我是班上花圃的園丁，所以配發一支。」

「咳咳，我想我們稍微離題了。」神隱頗久的醫師技巧性地把話接過去，「的確，蛇類的攻擊範圍一般在一公尺左右，除了分布僅在高屏、花東的鎖鏈蛇以外，那麼，以下我就來稍微介紹台灣的六大毒蛇。」

按照毒性可分為神經毒和出血毒，其中神經毒包括雨傘節和眼鏡蛇，而出血毒則有龜殼花、青竹絲、百步蛇。

雨傘節，單位毒性最高，但咬痕不明顯又不痛不腫，被咬的感覺只是一閃而過的疼痛就沒了，可是他的神經毒會慢慢讓患者的呼吸肌群麻痺，所以最後就呼吸衰竭而死，常常是患者被咬回家一睡就再也醒不過來了，所以致死率第一，只是⋯⋯

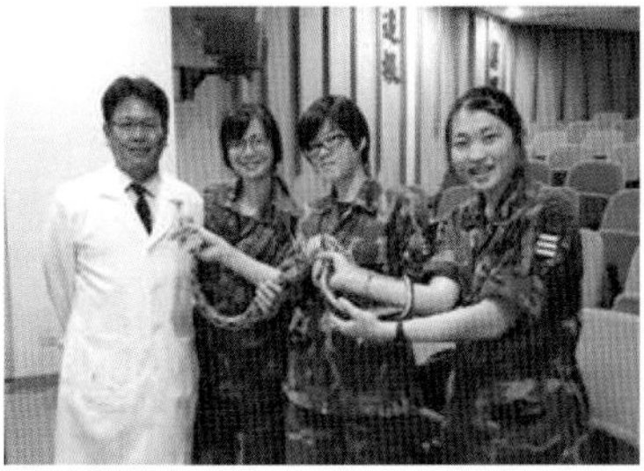

「只是致死率算的是死亡個案除以被咬個案，所以致死率高不代表被咬機會大。」發現了好像沒人聽懂醫師的話中話，健綸難得地出面解除了場面的尷尬。

沒錯，其實雨傘節在六大毒蛇中算是最膽小的蛇類，平常很少聽見誰被他咬，醫院也很少看到相關案例，只是過去莫名死亡這件事實在太可怕，才被人這樣傳的繪聲繪影。

再來，眼鏡蛇，同屬神經性毒蛇，他的毒性也很強，但咬傷後比較常見的是整片的組織壞死，反而呼吸衰竭的案例不多，比較特別的是，眼鏡蛇咬傷的患者血清需要打非常多，別人是一到四瓶，他是六到十二瓶，主要還是看哪邊的眼鏡蛇。

「所以說，是東部的眼鏡蛇比較毒呢？還是西部的眼鏡蛇比較毒？」看了全場靜默，醫師還是好心的自己接了下去，「其實這可能是東部的眼鏡蛇與西部的眼鏡蛇其品系不同，東部眼鏡蛇之毒液須用較多單位的抗蛇毒血清來中和，所以是東部的比較毒唷，大概真的要打到十二瓶血清左右。」

不過眼鏡蛇抬頭這件事雖然說已經成了他的正字標記，但這個動作反而讓他自己的攻擊範圍只剩下翹起來那段，簡單說就是他著地的位置變成了支點，所以整體的攻擊範圍就變短了。

出血性毒蛇我們前面談到有三種，首先是第一種，青竹絲，很常見，尤其是在那種山道、森林裏頭，常常樹上就掛著幾條，只是青竹絲不太毒，致死率頗低。

「青竹絲因為顏色似青竹，所以容易辨認，但是要注意別把他跟他的好朋友青蛇弄混淆，有人知道他們具體的差異嗎？」

「青蛇是無毒蛇，整條青綠肚子白，而青竹絲又稱赤尾鮐，顧名思義，尾巴末段轉為暗紅色，除此之外，青竹絲的肚子是呈現黃白色。」健綸稍微遲疑了一下，「沒記錯的話，青蛇的頭是比較偏向圓形，這也蠻容易做區別。」

「除了以上特點，青竹絲在腹側兩邊各有一條白色的側線，這也蠻容易區別的。」醫師補充道：「不過也是有例外，之前三總急診就有個案例，一個患者抓著一條蛇到急診室表示說他被蛇咬了。我一看，青綠色、紅尾巴，但是側線是黃色的，我心想是亞型還是根本不是青竹絲？但那時候緊急處理只能死馬當活馬醫，給了青竹絲的蛇毒血清，結果好了。後來才知道，那是患者曾走私進口一條福建的青竹絲，當作寵物飼養，結果一不小心被咬了，才來到我們醫院。」

下一個，龜殼花，出血性，也是劇毒，咬傷後患部腫脹容易發生腔室症候群，致死率也高，而且最麻煩的他的出沒範圍跟人類很接近，所以急診室也是很多案例可以說。

「就是我們內湖的案例，有一天，房子女主人回家發現陽台上有一隻龜殼花剛吃了一隻大老鼠，所以在曬太陽順便等消化，女主人嚇壞了，馬上打電話給社區管理員求救，管理員來了一看，啊，龜殼花，小事，就表示他可以處理，結果回去拿了一隻鐵夾，烤肉夾木炭、長十五公分的那種，於是就被咬了，」醫師喝了口水，繼續道，「管理員當場就慘叫，而女主人則是豪爽地暈倒了，好在有其他人發現，於是患者跟麻布袋裡的龜殼花就一起送到三總來，問題是急診室一群年輕醫師沒有人敢打開那個不斷扭動的麻袋。」

「這時候就只好問當事人或帶他來的人？」有同學提議。

「患者當時處在一個酒醒但驚嚇階段，所以一問三不知，而帶他來的人表示蛇不是他抓的，所以不知道，」醫師露出了一個神祕的微笑，「剛好急診室勤務班長來了，於是就把麻布袋往地上用力一摔，果然蛇就不動了，後來發現原來是蛇身斷裂，整個將老鼠暴露出來。」

龜殼花應該就是獵食老鼠，所以分布才會跟人類這麼接近，但是，畢竟是蛇，只要不去招惹他，龜殼花一樣是不主動攻擊人類的。

百步蛇，單位毒性非最高、不常見、也不常咬人，而體型碩大，所以有蛇王之稱，不過百步蛇的特性就是注毒量極高，出血症狀非常迅速，因此致死率也高。

「不過他實在是太少了，臨床上我在急診二十多年只見過一例百步蛇咬傷的病例。」

「欸～毒蛇專家，你肯定看過吧？」

「嗯，當然！」健綸微微頷首，「在酒裡。」

「九里？花蓮的哪裡嗎？」

「嗯，花蓮朋友家的大酒甕裡。」

忽然有人忍不住笑出聲來。

「大家應該有發現，前面的討論好像直接忽略了鎖鏈蛇，原因在於他的毒性是兼具神經性和出血性的混和毒，臨床上遇到這種複雜的案例都是比較難處理的！」，醫師頓了頓，「幸運的是，這種蛇僅分布在臺灣東部與南端。」

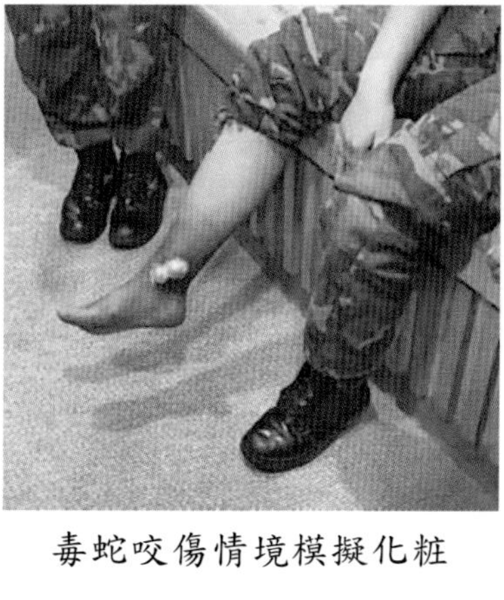

毒蛇咬傷情境模擬化粧

鎖鏈蛇是少數會主動攻擊人類的蛇，而且攻擊範圍也大，加上毒性特別，所以相當危險，但是他的特色也明顯，當他感覺受到威脅時，會立刻盤捲成團，並且發出極大的噴氣聲，有點像是輪胎洩氣的聲音，總而言之，也是先警告後動手。

「這也是為什麼我們三總沒有鎖鍊蛇血清的關係，而且不只我們，大部分北部醫院都沒有鎖鍊蛇血清，所以之前就有一個案例是患者在新竹被鎖鏈蛇咬，結果緊急由別的醫院調來抗鎖鏈蛇血清才有辦法處理。」

「最後，既然是軍醫養成，我們一定要知道如果被蛇咬了該做哪些緊急處置。」醫師在最後五分鐘，終於帶進了最重要的課題。

小辭典：

蛇咬傷現場處置：

1. 當然是脫離蛇類攻擊範圍，並盡量記得蛇類特徵，例如形狀、大小、顏色。
2. 保持鎮定，並脫去患肢上下的戒指、手環、手鍊等物品，並保持患肢低於心臟。
3. 傷口不要切開、不要冰敷、不要用口吸出毒液、不要擦拭酒精，患肢不要使用止血帶。
4. 患者不要飲用咖啡、酒精、茶…等興奮性飲料，或者劇烈運動，以避免血液循環加速。
5. 以布料、手帕、毛巾綁縛患處近心端，鬆緊度以可阻止靜脈、淋巴回流，又不影響遠心端脈搏為主。
6. 以大量清水或肥皂水沖洗傷口後，用無菌紗布覆蓋盡速就醫。

「那麼，今天的毒蛇咬傷就講到這裡，不好意思耽誤了各位的休假時間，待會我還要趕去開會，我們下課。」醫師風風火火地來，又風風火火地走，十足地展現了急診室忙碌的日常，這不禁讓不喜歡被時間追著跑的健綸開始思考，自己十年後是不是也要過著一樣的生活，三十年後是不是也會回來學校講這些內容呢。

野外醫學的課程安排得有趣又實用，朱柏齡教授指導的熱中暑情境模擬演練，讓健綸志軒更瞭解如何處理熱中暑的病人；還有教官講授野外求生，如何使用登山裝備，讓健綸志軒更進一步對野外醫學產生濃厚的興趣。

「欸，你明後兩天要幹嘛呀？」志軒追上總是第一時間走出教室的健綸，問道。

「進裝甲部隊服役，」看了一眼時間，健綸道：「如何，要跟我一起成為WOT的車長嗎？」

「不要，我明天要去圓山、後天去北投，那邊據說開了很多櫻花樹，我一定可以成為神奇寶貝大師的。」

「那你媽媽一定一個人在家吧，這個寶貝球給你。」

「原來你也有童年呀~~」志軒突然板起臉，「不過不好笑。」

「那我們先去成為義大利麵大師好了，上這麼多課，再去吃學餐，我想我會…嗯，當我沒說。」

「完全同意，是說我昨天當上道館館主了…」

「恭喜呀~那今天晚餐就給你請了。」

「我就知道突然出現好話肯定沒好事…」

夕陽西下，天色已沉，學生們各自離開了校園，徒留下新栽的桂花影益加拉長。

熱中暑現場處置（朱柏齡教授提供）

1. 將熱中暑病人移到陰涼處。
2. 鬆解病人衣服，最好只留貼身衣褲。
3. 以噴霧狀冷水將病人全身噴濕，或可吹電扇。
4. 將冰袋或冰毛巾放在頸部腋下或鼠蹊部等大動脈位置。
5. 送醫時交通應空氣流通良好。
6. 送醫過程需持續降溫。

台灣常見六大毒蛇

（照片來源：中華民國搜救總隊）

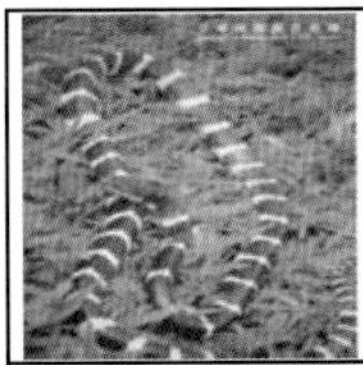	**雨傘節** 神經毒，單位毒性最高、致死率高，但膽小又少見。咬痕不明顯又不痛不腫，患者最後通常是呼吸衰竭死亡。
	**眼鏡蛇** 神經毒，單位毒性強，治療時血清用量極大。 咬傷後出現整片的組織壞死。
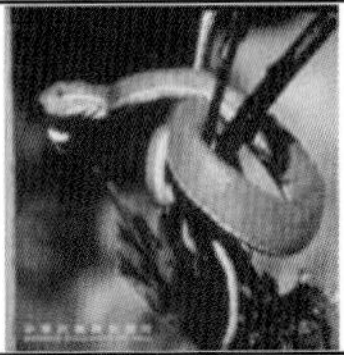	**赤尾鮐（赤尾青竹絲）** 出血毒，常見、但毒性不高。 身體青綠、赤尾、側邊有白線、頭呈三角形，喜歡爬樹。
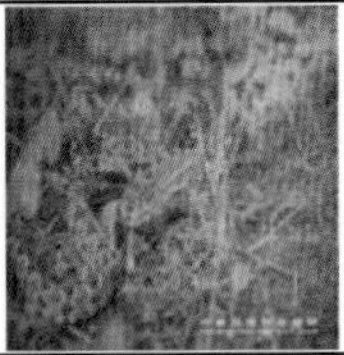	**龜殼花** 背部有波浪狀斑塊。 出血毒，毒性強、喜愛在住家附近出沒。
	**百步蛇** 三角形花紋。 出血毒，但注毒量極大，咬後迅速產生出血症狀。
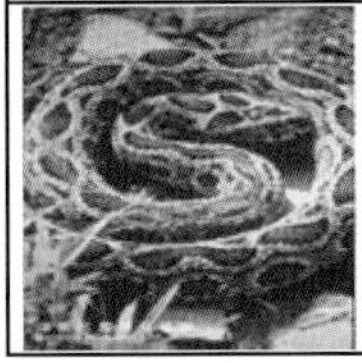	**鎖鏈蛇** 背部有連續橢圓斑塊，乍看像是鎖鏈。 混和毒，分布在台灣東南部與南部區域。 少數會主動攻擊人類的蛇種，攻擊前會發出噴氣聲。

司徒惠康校長(右)致贈麥覺明導演感謝狀

麥覺明導演與參訓師生合影

迷彩大叔的叮嚀：

陳穎信醫師

一、野外醫學是顧名思義就是位於野外地區與醫院外部可能遇到的醫學統稱。軍陣醫學領域中與野外醫學息息相關，高山旅遊、潛水活動、滑雪、航空、航海等野外活動所產生的各式生理反應與疾病處置在野外醫學中是很熱門的項目。

二、野外醫學是非常生活化的醫學，也是領域廣泛的實用性醫學，即使一般民眾都應具備之基本知識；野外求生、野外緊急醫療、環境急症如低體溫或熱中暑處置等都包含在內。

三、緊急醫療救護法修定法案第二十四條已明文規定救護技術員需學習野外醫學相關知識與技能。軍人、救護技術員或救災人員由於任務需求，經常置身於野外環境中，學習野外醫學的知識與技能可以增進對環境的認識，進行正確的預防與治療，提升生存能力與生活內涵。

第六章

創傷處置 M113 高肇亨/賴政宏/郭蘋萱

創傷處置

緊接著高級救命術後的課程，就是學習處置外部傷口，而這也是一門所有醫學生都會接觸到的課程！也就是常常在急診室看到的：傷口縫合與骨折處理。

傷口縫合，相信大家小時候都有縫製過衣服或是制服的扣子！而在醫學系三年級期間，接觸過大體解剖課程的我們都會在學期末的時候，花上一整天的時間，將大體老師的身體進行縫合，並進行追思。一針一線的縫合除了是感謝老師這一年來的教導，也是老師為我們親自上的最後一個課程：大體縫合。

所以大家都不陌生；也因此早八的第一堂課，大家都摩拳擦掌，準備將大體老師所傳授的知識以及經驗，運用在這門軍陣醫學的傷口縫合。

肇亨在早上六點起床，甫結束早點名完，就趕去學生餐廳用餐，俗話說「早起的鳥兒有蟲吃」，在國防醫學院就是「早去學餐的人有早餐吃」，好啦其實沒有這麼誇張，只是早上六點半學生餐廳剛開門，吃飯的人數比較少，除了享用到剛出爐的早餐，重點是有個安靜的用餐環境，因為肇亨想要回想一下之前在縫合大體時的手感。不過其實肇亨從昨天晚上就開始在翻閱解剖指引，看看裡頭的縫合以及切割技巧。

儘管經過一整天充實的高級救命術課程，而且在感冒也還沒痊癒的情況下，最重要的是只有睡了約略六小時，肇亨還是堅持要在課前預習好，這樣才能跟上老師上課的 tempo。疲憊這件事因人而異，這樣的狀況對肇亨是不辛苦的，然而對於傑凡來說，早點名結束後沒有回去補個回籠覺實在是一件苦差事⋯雖然真的很累，但是又不放心還在感冒的肇亨自己一個人去吃學餐，然後在教室預習。

「唉！好吧！跟你去吃就是了！」傑凡無奈地說，剛結束早點名，兩個人就一起回寢室換上軍便服，背上書包，戴上解剖課本跟筆記本出發。

吃完早餐後，便前往教室先行預習縫合技巧。不過正當複習快上手的時候，同學們陸陸續續地進教室，很快的他們發現一件很嚴重的事情⋯那就是⋯這週是軍陣醫學的課程，跟以往正常學期不一樣，大家需要穿著迷彩服上課，而非穿平常的正式制服—軍便服上課⋯

「距離八點上課只剩下十分鐘了，快回去換裝啊！」肇亨慌忙叫著已經在打瞌睡的傑凡起來回去。

「對吼！應該要穿迷彩服來上課⋯還不是你要那麼早來！人都還沒醒過來，怎麼會想到這件事呢！」傑凡 murmur 著。

有賴入伍訓的極限速度訓練，例如：五分鐘戰鬥澡、三分鐘摺棉被、三分鐘甲種服裝整至定位⋯等等。兩個人最後還是成功趕在上課前，完成換裝以及學院到宿舍間的百米賽跑！

話說，老師早在上課前五分鐘就在台前準備課程了，外科醫師總是很守時的，況且醫師學長都是從國防醫學院畢業的，對於時間的掌握以及敏銳度是很高的！課程開始後，負責講解的曾元生醫師從台前桌上的縫合包中拿出幾支外科手術用鑷子，傑凡一看到就：「哇！這也太專業了吧！我們在實驗室中用到的鑷子和他相比，根本小巫見大巫嘛！」

註：【外科手術用的鑷子，除了操作精細度加廣，也會燙上一層金箔，除了確保無菌，也有美觀的用途。】

老師在上課前先講了幾個笑話，緩一緩大家上課前緊繃的氣氛，是個很有幽默感的老師，老師是來自整形外科的醫師，縫合對他來說就是每天必做的事情！「其實外科醫師並非我們所想的冷冰冰模樣跟莫名的理性嘛！」傑凡笑著跟肇亨說。平常一上課就會正經八百的肇亨，聽到老師的笑話，嘴角也自然地微微上揚！

註：【整形外科，並非如同我們所想像，就是每天坐在冷氣房中，專門弄醫美的業務，而是主要負責外傷之美觀復原，醫美僅是額外附加的工作任務。像是最近的八仙塵爆，病人的傷口復原以及照護，主要都是由整形外科負責手術照護。】

醫師熟練的拿起看起來想是鑷子的器具介紹到：「同學照過來~我們接下來要講解的，就是有關外部傷口處理的示範，想一下現在你切水果不小心在手部劃出一道傷口，在消毒完之後，你會怎麼做呢？」

A.哭著找媽媽　B.立馬打 119 請求醫護支援　C.找身旁的同學幫忙　D.二話不說，拿起縫合用具自己縫補傷口。

「我知道應該不會有人選 A啦…畢竟大家都是二十歲以上的成年人了，而且還是通過中華民國入伍訓的準醫官呢！然後，我猜應該很多人會想選 D啦，不過要想一下，你現在一隻手受傷，只剩下一隻手，前面的縫合步驟都可以做，但是最後的打結步驟可能會出點小問題…至於會出甚麼問題，我們現在來看看吧！」

曾醫師話一說完，整個氣場變得完全不一樣，原本的輕鬆幽默，剎那間轉換為專業理性，可以感覺到有股外科魂湧上曾醫師的身上，就像金庸武俠小說中的武當山上的張三豐，前一秒還跟你有說有笑，下一秒就換上絕世高手的模樣。

這時肇亨有點緊張，一來是醫師的手法熟練，稍微一不留神，怎麼突然就已經完成第一個結，再縫合下一針了！看著醫師學長行雲流水般的縫合，感覺就如同身處一場藝術表演，一切是多麼的讓人陶醉。同學們都神迷於醫師的美技，大家都圍上台前的桌子的附近。所謂：近水樓台先得月，這句話拿來形容此時的盛況再也適合不過了！

肇亨這時也無法自拔地向前靠攏，從他求知若渴的眼神中可以看出縫合人工擬皮對所有同學有種說不出的魔力與神秘。

手起刀落，手起針落，醫師學長迅速熟練的夾起傷口旁的皮膚，接著用持針器以90°進針，手腕接著使力使針滑順的溜出傷口，再以同樣的方式，左手先將傷口皮膚夾起，再用右手持針進針，最後也是最重要的，就是打結啦！

肇亨這時已經入定，專注於醫師學長的每下動作，眼看醫師拉起練習用的細線，順時鐘方向快速的繞兩圈，在反向一圈、正向一圈後，左手帥氣的向左一拉，完美謝幕，一個漂亮簡單的結就呈現在大家眼前。

不過大家的眼神，仍然充滿的迷茫、徬徨，不知從何開始、從何結束，老師的操作瞬間即逝，由於老師得回醫院手術房照顧病人，所以一口氣把好幾種縫法都講過一次。每一種縫法都有它的名字，也有它的意義。

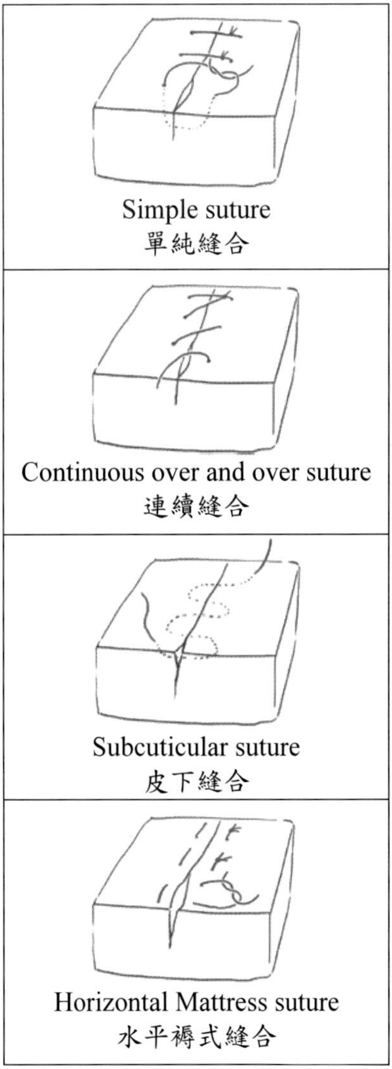

賀信恩 繪圖

例如說：在臉部的傷口，就會偏向用皮下縫法（Subcuticular Suture）來縫合，畢竟大家都希望自己的儀容都是好看的。比較嚴重、深度較深的刀傷或是切割傷，通常會用 Horizontal Mattress 縫法，是一種垂直加強縫合，以減少表面張力，避免預後問題。

萬事起頭難，雖然曾經上過大體老師的縫合課，然而面對這麼多縫合方法以及縫合部位換成人工擬皮，對大家還是一項挑戰。不過還好一旁的 PGY 醫師學長以及住院醫師學長都有前來教大家怎麼縫合，所以老師讓大家分組後，一一上前由醫師在旁指導練習，而肇亨和傑凡也趕緊到前面講桌前搶到好位子準備開始第一波的練習。不過在等待學長準備更多器械的過程中，傑凡就這樣靠在椅背上睡著了……

去年八月，在走樓梯的時候，腦中想著明年暑假要去哪裡？傑凡沒注意到樓梯間隙，滑了一跤，撞傷的額頭附近，在眼睛旁留下一道傷口，被送往三總急診部後，躺在病床上等候著。剛剛經歷過撞擊的傑凡意識仍然模糊，只記得大聲呼救後，有人衝了過來，接著就是熟悉的 EMT 人員前來處置，接著被扛上救護車，送至熟悉的三軍總醫院急診室了，護理師在評量生命徵象後，列為第五級（可見下表補充）。就被推到人來人往的地帶，旁邊許多走來走去的護理師，替病患量測體溫、打點滴，傷口流出的血使他只能睜開一隻眼睛，緊張的心情讓心跳的聲音不斷在腦中撲通撞擊。

急診檢傷分類級數表

（資料來源：行政院衛生福利部公告）

分級級數	類別	項目
第一級	復甦急救（立即處理）	1. 心跳停止、到院前死亡 2. 休克 3. 嚴重呼吸困難：呼吸衰竭、明顯發紺及意識混亂或沒有呼吸 4. 意識狀態改變 GCS（3-8） 5. 持續抽搐
第二級	危急（十分鐘內）	1. 不明原因胸痛 2. 低血糖 3. 中度呼吸窘迫：呼吸費力、呼吸工作增加，使用呼吸輔助肌。 4. 急性明顯吐血現象 5. 220mmHg>收縮血壓>180mmHg 6. 大量血便/黑便 7. 嚴重中樞性疼痛（8-10） 8. GCS（9-13） 9. 急性或突然視覺改變 10. 高處墜落 11. 高能量創傷（槍傷，頭、頸、軀幹部鈍傷、穿刺傷。） 12. 車禍（行人—汽車，機車—汽車，拋出車外）
第三級	緊急（三十分鐘內）	1. 輕度呼吸窘迫：呼吸困難，心跳過速，在走動時有呼吸急促的現象 2. 嚴重週邊性疼痛（8-10），中度中樞性疼痛（4-7） 3. 腹痛且經期逾期 4. 無法控制的腹瀉或嘔吐 5. 咖啡色嘔吐物或黑便 6. 高血壓（SBP > 200 mmHg 或 DBP> 110 mmHg）沒有任何症狀 7. 抽搐後意識已恢復
第四級	次緊急（六十分鐘內）	1. 局部蜂窩性組織炎 2. 泌尿道症狀

		3. 急性咳嗽，生命徵象穩定 4. 陰道點狀出血 5. 輕度燒傷（<5%） 6. 急性周邊中度疼痛（4－7） 7. 慢性反覆性疼痛，疑藥癮 8. 習慣性便秘 9. 持續性打嗝 10. 慢性反覆性眩暈
第五級	非緊急（120 分鐘內）	1. 急性周邊輕度疼痛（＜4） 2. 間歇性打嗝 3. 慢性腹水，欲抽腹水

此時腦中就是一片空白，心想著：「天啊！剛剛怎麼會這麼蠢，真的是一失足成千古恨！還有對病人的同理心真的很重要，老師上課真的不是隨口說說…然自己是醫學生，而且身處在急診室，明白有更多危急的病人需要緊急處理…但是真的好痛啊…醫師學長再不來真的會崩潰啊 Orz」

過了好一段時間，一位年輕的住院醫師走過來，檢視了一下傷口便走了，說道：「先生不好意思，要再麻煩您稍候一會兒。」原本從地獄升回天堂的心情，就這樣又墜入地獄之中。正當痛得很絕望的時候，另一位比較年長的醫師走過來看了一下，只說到：「這個要轉到眼科去！」

這時傑凡心中不禁揪了起來，內心狂喊道：「Oh my God!!眼科！我的眼睛剛剛還看得到啊，只是現在張開來很痛而已，不會要變成獨眼龍了吧！」

難道已經嚴重到傷到眼睛嗎！接著傑凡便坐著輪椅被推到眼科部，一位住院醫師走來向他說到：「學弟不好意思啊，讓你等這麼久。學長剛剛處理完一個呼吸衰竭的 Case 就趕來看你了！這個傷口一定很痛對吧！不過有個好消息要跟你說：這個傷口雖然有點大，不過還好沒太深，所以沒有傷到眼睛，只要把傷口縫起來就沒事了！」

緊接而來的就是推入手術房，打麻醉針與度過縫合眼皮的煎熬，由於手術過程將臉部其他部分蓋住，傑凡也就閉著眼睛小心翼翼的體會被縫合的感覺。

首先是眼皮被鑷子夾起，雖然打了麻醉針，但還是明顯的有被針線進出的感覺，不過還好醫師技術夠熟練，沒有甚麼太大的感覺，只知道在針線穿梭之間，原本的傷口好像被拉起來了。

有了這次的經驗，傑凡因而對傷口縫合有莫大的興趣，當初遇到的那位醫師也讓傑凡對未來醫術的艱難與重要性有了很大的啟發。

「喂！換我們了！醒來啦！」肇亨推了推剛沉入夢鄉的傑凡。傑凡說：「好像做了個惡夢…」肇亨說：「壞事做太多，天天做惡夢 XD」

面對陌生的外科持針器與外科手術用縫線，肇亨和傑凡一時之間還無法上手，一旁的醫師學長趕緊協助他把持針器握到手上，原來持針器的握法還有一定的手勢！肇亨也才恍然大悟：「啊！原來之前縫合大體老師持針器的用法是錯誤的…」

【上面還是下面的拿法是對的呢？】

這樣的拿法是對的！

以食指作為的三個支撐點，能夠讓持針器（Needle Holder）更加穩固

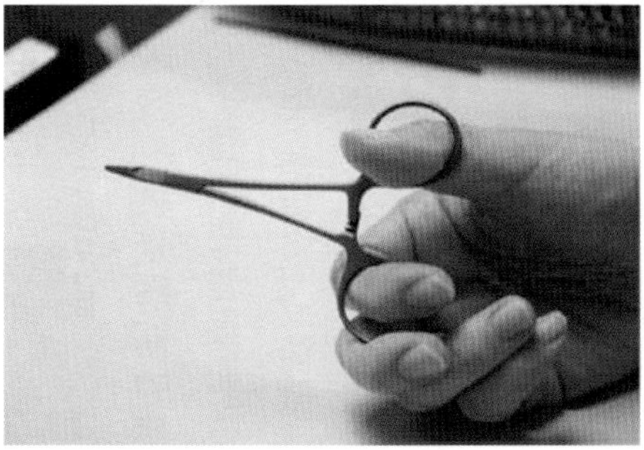

一般的剪刀拿法，是錯誤的！

以右手拇指和無名指穿過鉗環後以食指抵住持針器前部近軸節處，這樣就可以輕鬆的夾起針線！右手握住持針器的感覺真是奇妙！

「原來是這樣！我想起我夢到甚麼了，之前被縫合的經驗啦！」難怪好像在哪裡有過這種fu~傑凡在心中默默地說道。

由於每個人的手部靈活度都不同，必須拿捏精準的力道才能將針頭對準在最適合的部位。回想一下當初感受醫師縫合的 Tempo，還有回想剛剛老師在台上所教的要領。但是說的總比做的容易啊！正要將針刺過皮膚的時候，手真的會抖動，儘管這不是自己的皮膚而是用來練習的擬皮，而一旁的肇亨的手看似穩穩地穿過，但是看得出來心中也有點膽怯！

慢慢地將針頭對準到適當的位置，這時右手腕慢慢的像帥氣的醫師一樣順暢的鉤入皮膚裡，但是他突然發現！假皮還是有一定的鬆緊度的！必須稍微使點力才能順利完成穿皮！接下來才是最麻煩的，Simple 跟 Continuous 的縫法算是駕輕就熟，因為大體縫合已經用上好多回了。但是皮下縫合（就是俗稱的藏針縫）還有垂直 Mattress 縫合法，算是第一次學習，而且縫合的步驟跟要領更加複雜…

不知道為什麼，冥冥之中有股力量，傑凡當下頓悟出一種手感，思緒變得好清澈，要做甚麼跟下一步是甚麼，歷歷在目，儘管一開始有點卡卡的，但是很快就將結打完了，一旁的醫師學長也覺得很厲害！反觀一旁的肇亨，就相形遜色了，由學長一步一步教導與提示要領，還好也成功完成比較複雜的縫法。

傑凡在成功打完結後露出自信滿滿的微笑，除了因為有學長的稱讚，最重要的是因為對於曾經充滿困惑的縫皮，現在終於能夠自己親自完成。而且啊！終於能贏過幾乎甚麼都贏他的肇亨，心中的成就感是不言而喻的！算是「三折肱為良醫」這句話的印證吧！雖然很想回去籠子補眠，但是犧牲一點睡眠時間，提早來預習縫合，學到以及體悟到縫皮的精髓所在，真的是太棒了！

午休時間對於國防醫學院的學生真的是個天堂時光，因為從中午 1200 到 1300 是宿舍冷氣開放時間！能在上完課吃飽飯後，躺在床上吹著冷氣睡午覺，是多麼幸福的一件事情！重點是可以卸下厚重的迷彩裝備！全身一身輕！

當鈴聲響起，大家都捨不得離開舒服的被窩…穿上厚重的迷彩服裝，走向院部教室，此時的心境就如同寒冬把你從床上扯下來一樣…

下午緊接著要上的課程是外傷固定—骨折處理。是由由三總骨科部的王誌謙醫師帶著大家一探其中的奧妙所在。最重要的是有實作練習！！

其實大家都滿感興趣的，都搶著往前排位子坐，只是周公特別喜歡在中午找人陪著下個棋…話說在國防醫學院有個很靈驗的傳說，那就是在特定教室內上課，大家都會有所謂的 NDMC Syndrome…

註：【NDMC Syndrome：在國防醫學院中某些上課桌椅看似不起眼，但是只要一坐下來，搭配著老師上課的語調還有課程的 PPT，很快很快，就會進入夢鄉找周公去了，以上條件缺一不可！！】

老師在講解骨折處理前，就先提到以下的創傷觀念：

創傷初步處理就是：米飯後熱(RICE 後熱) 所謂的後熱，就是在急性期過後熱敷

1. Rest（休息）
2. Ice（冰敷）
3. Compression（壓迫）
4. Elevation（患肢抬高）

（1–4：急性期）

5. 熱敷（在前述四項急性期處置後熱敷，需於後期恢復使用）

「米飯後熱…聽起來真好吃！」傑凡念念不忘著，中午學生餐廳的咖哩飯。

「專心上課啦！等等漏掉一個步驟就會不知道該怎麼做了！」

老師緊接著講解外傷處理的觀念。

而骨折初步基本處理的重點如下：

1. 懷疑骨折，應做適當之固定。
2. 可利用現場物品如木塊，木板以固定患處。
3. 骨折未固定前，勿隨意移動患部，以免造成神經血管的損傷。
4. 將患處提高，以減少疼痛及腫脹。
5. 嚴重創傷者，應優先處理休克及其他較嚴重之患處。

> 骨折位置及其預判之出血量：
> 上肢骨（Humerus, Radius, Ulna）：200 – 300 c.c
> 脛骨（Tibia）：500 c.c
> 股骨（Femur）：1000 c.c
> 骨盆（Pelvis）：大於 2000 c.c
> 開放性骨折：出血量更多，要注意避免傷口感染。
>
> ★多重骨折（Multiple Fracture），骨盆骨折（Pelvic Fractrue）或老年人：要注意可能有休克的危險性！

聽到這裡，感覺整間教室的二氧化碳濃度瞬間提高許多，大家腦袋都缺氧昏昏欲睡了…連肇亨都是用最後的意志力與周公搏鬥，不得不說午休時間真的是太舒服了！

而骨折處理方式則有：

1. 三角巾、八字肩帶、頸圈。
2. 石膏固定（Cast immobilization）：骨折固定護木（Splint）：單片、雙片。

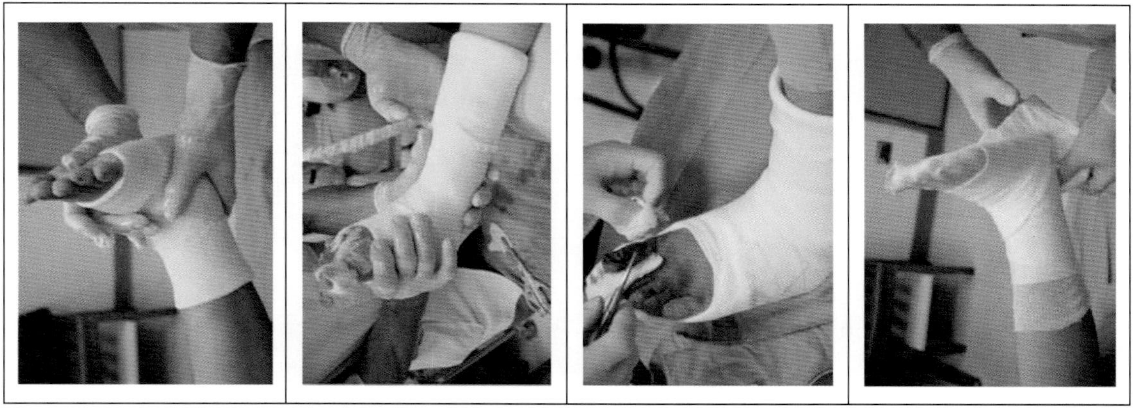

3. 骨骼（Skeletal Traction）或皮膚牽引（Skin Traction）。
4. 開放性復位（ORIF）或閉鎖性復位（CRIF）。
5. 外固定（External Fixation）。

骨折在全身不同部位都有不同的名稱，如遠端橈骨骨折（Distal Radial Fracture）、近端尺骨骨折（Proximal Ulna Fracture）、遠端肱骨骨折（Distal Humerus Fracture）等等，骨科醫師必須根據X光片中不同骨折的方式區分出不同種類的嚴重性，並非看到骨折就是上石膏如此簡單而已！

看到這裡，肇亨已經覺得眼皮快闔上了，各種專業名詞在他的腦袋裡橫衝直撞，很快地就被大量的X光片淹沒，還好這時醫師剛好介紹結束，於是請所有同學到教室外的示範桌上準備觀看醫師示範如何完美的幫病人打上堅固的石膏。

在桌前的醫師開始示範將石膏沾水，並在示範手的前臂上敷上藥布並留下一小段以便後來的石膏材料敷上，經過一層一層的加厚後，敷在示範者手上的藥布已經足以放上石膏了，最後，就是把鋪好的膠布與石膏用紗蹦密集的一圈一圈纏住，到這邊就已經大功告成啦！

這時肇亨旁邊的傑凡又走了過來，哈哈原來他們倆又要一起完成石膏的操作！傑凡對肇亨說到：「這麼簡單的骨折固定，當然是我先練習，你的手先伸出來，看我在幾分鐘內就可以把你的手固定的堅固無比！」

肇亨有點緊張的看著傑凡，心裡想：「這個傢伙又在吹噓了，上次垂降繩子都不會打，還要我教他，今天難道是存心整我嗎？」哎！無奈之下眼看旁邊同學都找好組了，肇亨只好把手舉起來，任由傑凡把折好的紗布鋪在上面，再放上沾了水的石膏，沒想到石膏越來越熱，原來這就是高中化學有教的發熱反應！

慢慢的纏上紗繃後，石膏也漸漸的固定住了，看這自己的傑作，傑凡開始跟旁邊幾組的同學們吹噓，不過原來被打上石膏的感覺是如此不方便，肇亨試著開始用手擺出各種動作但都受到很大的限制，不過接下來換到肇亭幫傑凡打下肢的石膏了，傑凡被打上石膏後也試著想起來四處走動，沒想到一往前走一步就打滑，差點撲倒在大家面前，還好肇亭即時的拉住他，不然今天就成為大家的笑柄了！

簡直像個真正的病人，看著自己的腳上厚厚的白色石膏，不只傑凡，所有同學們都是興奮不已，有一種自己已經成為一位合格的骨科醫師的驕傲。

在學習完骨科創傷處理的課程後，是軍陣醫學之心臟血管外傷及葉克膜於創傷之應用課程，來到教室後就看到講台前放了好大一台機器，不過這台機器的來頭可不小啊！

肇亭偷偷用手機上網搜尋了一下這眼熟的機器，上面有好幾條管線分別帶有不同的顏色，而在機器上則有不同的顯示器，似乎分別代表各種生命徵象的指數，再輸入這些特點之後，出現在網頁上的竟然是名聞遐邇的「ECMO」，全名「Extra-Corporeal Membrane Oxygenation」，中文是「葉克膜體外氧合系統」，就是平常電視上常常看到的醫療奇蹟的製造者，主要是提供呼吸或

賀信恩 繪圖

循環功能衰竭的病人心肺功能的支援，負責這門課程的是三軍總醫院心臟血管外科及創傷科柯宏彥醫師！

在學習完如何利用石膏固定後，帶著滿滿的成就感來到下一間教室，看到講台前放置了一台好大的機器，看起來這台機器的來頭可不小啊！

傑凡推了推肇亨問說：「欸，這跟醫龍裏頭的機器很像欸，你知道是甚麼嗎？」肇亨思忖了一會兒，翻了翻書沒找到答案，就立馬把身旁的筆電開機，趁著還有約略5分鐘的下課時間，上網搜尋了一下這眼熟的機器。

註：【醫龍—Team Medical Dragon—以日本醫療為題材的日劇。主要講述主角朝田龍太郎為首的心臟外科手術團隊的熱血事跡，如何在不利的環境下，突破重重障礙，完成手術。並反思日本醫療系統到底出了甚麼問題，還有深刻剖析出醫院的人事關係內情。】

上面有好幾條管線分別帶有不同的顏色，而在機器上則有不同的顯示器，似乎分別代表各種生命徵象的指數，再輸入這些特點之後，出現在網頁上的竟然是名聞遐邇的「ECMO」，就是平常電視上常常看到的醫療奇蹟的製造者—葉醫師。之前還聽過有病人指名要給「葉克膜」醫師看診，因為聽說看了葉克膜，百病都消除。

講台的前方是三總心臟血管外科的柯宏彥醫師，以及一位專業的體外循環師，看來這台複雜儀器的葉克膜之謎，將由這兩位專家為我們解答！

老師看著精神抖擻的大家，先是問說：「該不會大家以後都要選骨科了吧！」接著語帶神秘地說：「其實我們這關會有更厲害的課程要教大家使用！」「而且這可是面對緊急情況下，我們醫師的最後法寶！那就是葉！克！膜！」老師非常有自信的說著！

「葉克膜簡單的來說，就是人工肺臟和人工心臟，在人體外取代心臟或是肺臟的功能，誰知道心臟和肺臟的功能是什麼呢？」

坐在第一排的肇亨趕緊舉手：「心臟可以將帶有營養、氧氣的血流打至全身，讓全身的細胞都能得到足夠的養分；而交換後帶有廢物的血液，會在肺部再度交換，而獲得新的氧氣。」為了不讓身旁打盹的傑凡被老師發現，肇亨邊回答邊推了推一旁的傑凡。

「傑凡，你看前面那台機器就是大名鼎鼎的葉克膜，你要不要認真聽一下啊？我剛剛大概 Google 一下，那就是我們在醫龍看到的 ECMO！也就是醫師們面對急救患者的最後兵器，不過聽說裝上葉克膜，就需要花費十萬元耶！看來這個設備真的非常專業！認真聽一下啦，你不是最喜歡醫龍裡的男主角了嗎？不然下課後我來考考你關於葉克膜的知識哈哈～」

傑凡知道肇亨是個好學的朋友所以也只是默默地笑一笑，不過一聽到醫龍的男主角，精神又回來了，還是高中時代的傑凡，就已經把醫龍的男主角奉為心中的偶像，也是自己日後努力的目標！這招倒是滿有用的，還真的讓傑凡對葉克膜產生了興趣。

「就像是洗腎大家應該都聽過，當腎功能變差時，就需要將血液引流至體外的人工腎臟，進行正常的腎臟應該要執行的功能後，再將血液運送回體內，葉克膜也是同樣的原理，可以取代肺臟或心臟的功能，而葉克膜有兩種類型，分別是 VV mode 和 VA mode。」

肇亨在筆記本上寫下：

> VV Mode：靜脈—靜脈迴路（Venovenous），作為人工肺臟→可用為肺部疾病之患者。
>
> VA mode：靜脈—動脈迴路（Venoarterial），作為人工肺臟＋人工心臟→心肺功能差之患者。
>
> - 葉克膜的組成：
>   1. 血液幫浦
>   2. 氧合器
>   3. 氣體混合器
>   4. 加熱器
>   5. 各種動靜脈導管與監視器

醫師學長說：「試想心臟肺臟的功能有多複雜，因此，要如何讓血液正確在人工心臟流動，以獲得足夠營養，都經過特殊的設計，甚至是在體外如何透過氧合器混合氧氣、空氣、二氧化碳，再送入人體，都是經過研究過的唷！」

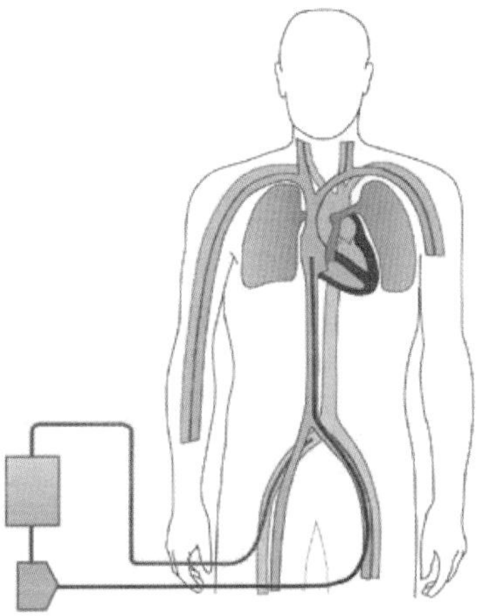

VA Mode

資料來源：

http://cdn.lifeinthefastlane.com/wp-content/uploads/2012/07/ecmo-1.jpg

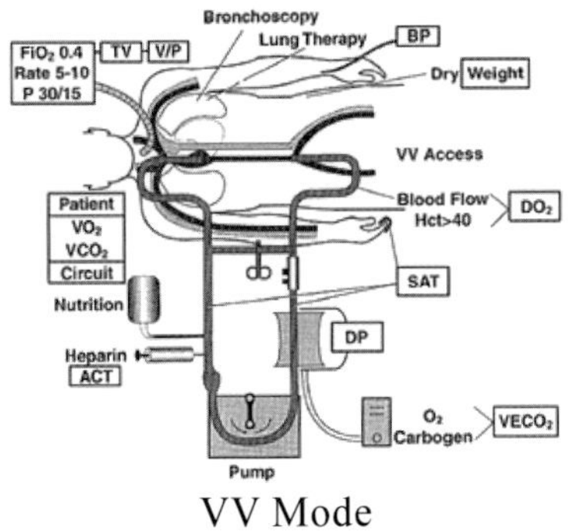

VV Mode

資料來源：

http://doctor.get.com.tw/Learning/clinical-info/images/63.jpg

ECMO 操作順序

1. 從靜脈插入導管引出缺乏氧氣的血液。
2. 缺氧血液再引入替代心臟功能的
3. 引入「人工肺部」氧合器將血液中的二氧化碳與氧合器中的氧氣進行交換。
4. 經過加熱器來維持血液恆溫，然後再引入動脈或靜脈回流至體內，維持心肺功能。

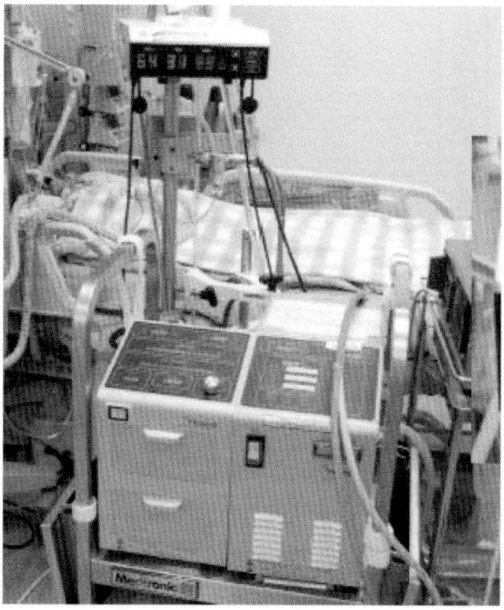

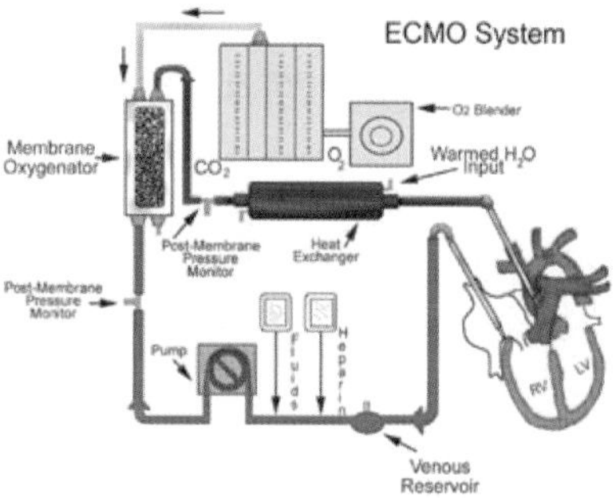

資料來源：

http://www.massdevice.com/sites/default/wp-content/uploads/story_art/ecmo-large-3x2.jpg

肇亭特別注意到人工肺臟上有很多開口，有的在上方有的在下方，經過老師的講解，原來人工肺臟上，有許多管子，分別連接到人工心臟、氣體混合器和監測器，監測器的目的在於確保葉克膜有發揮作用提供適當的心輸出量，以及血液的營養含氧狀況。

老師們一路詳細講解，同學們也時不時發問，肇亭和傑凡瞭解越來越多後，就心生更多的敬佩，敬佩有遠見的前輩及葉克膜的精細。自己將來作為一位醫師，看到心臟、肺臟都衰竭的病人，束手無策之餘，不知道能否像前輩一樣勇敢，想到或許發明一台機器取代這些功能？

葉克膜的精巧則在於為了避免血液失溫，因此有血液加熱器；就連如何避免病人血管初次連接葉克膜時，有空氣進入，都有相對應的方法。傑凡忍不住對肇亨說：「葉克膜真的好神奇！就算病人停止呼吸和心跳，竟然還能暫時維持生命。」

然而，避免無端浪費大量醫療資源，需確定治療目標（Therapeutic goal），沒有合理的治療目標，只是延長死亡過程，那麼就不要使用 ECMO。醫師學長語重心長地說！裝上 ECMO 之前，要想想怎麼把他拆下來。

【ECMO 適應症】

心因性休克	為準備心臟手術，如心導管治療或心臟移植，或其他機械性循環輔助，暫時性取代心臟功能。 心臟手術重建後，暫時性心臟功能障礙（Stunned Heart）。 急性心肌炎（Acute Myocarditis）。 急性心肌梗塞（STEMI & NSTEMI）。 心臟停止跳動（Cardiac Arrest）經 CPR 及 Epinephrine（>5mg）急救 10 分鐘以上，患者仍無法恢復自主性心跳或維持穩定血壓。
呼吸衰竭	ARDS 急性呼吸窘迫症候群。 FiO_2: 1.0, PaO_2< 60 mmHg，無法逆轉；CO_2 滯留，造成血液動力學的不穩定。 急性肺栓塞（Pulmonary Embolism）。 等待肺臟移植過渡期。
室性心律不整	有威脅生命、反覆發作，並估計在幾分鐘~幾小時內有生命危險。

肇亭和傑凡原本以為這堂課就只是介紹原理和看看儀器，聽聽 ECMO 的適應症還有注意的地方。

可是更棒的事情發生了！

老師們開始播放真實的影片，當葉克膜成功接上去時，原本透明的管子，注入血液的瞬間，全班同學都忍不住發出驚呼！因為實在太有臨場感太新奇了！也說明在創傷病人身上的運用，以及我們軍醫未來可能使用到的時機。

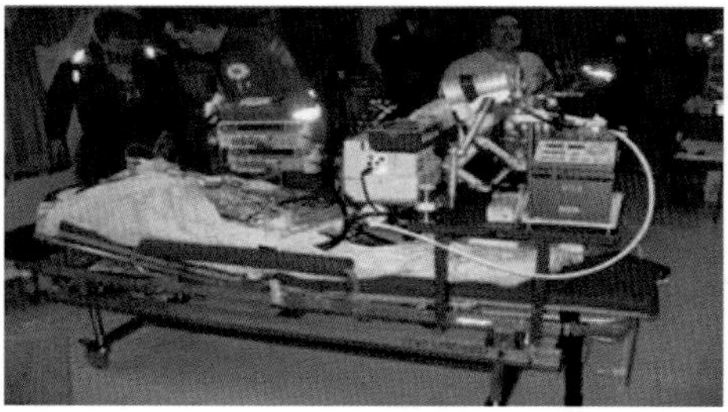

ECMO 推床

資料來源：

http://i0.wp.com/apex.org.nz/wp-content/uploads/ECMO.jpg

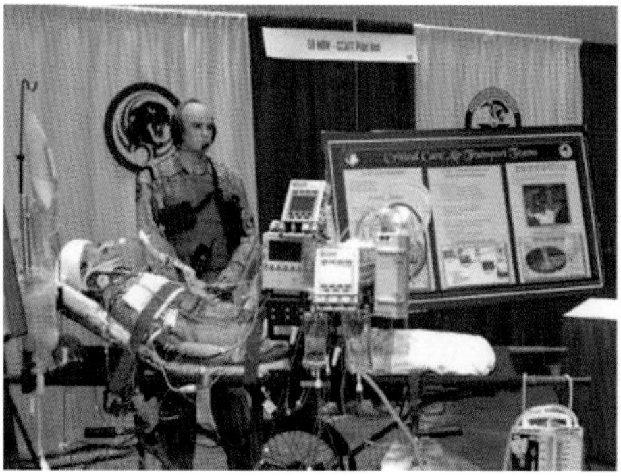

擔架運輸推床

資料來源：

http://media.defense.gov/2012/Jan/20/2000185020/-1/-1/0/120112-F-JV314-002.JPG

實際觀賞葉克膜的影片，肇亨和傑凡也才知道，原來葉克膜是極度侵入性的治療，而且必須持續施打抗凝血劑 Heparin，難怪剛才老師會說：「葉克膜絕非所有人都適用，也有一定的風險存在。以後你們進醫院一定會遇到，這裡就先讓你們先熟悉一下！」

小辭典：

ECMO 缺點以及注意的地方

1. 出血：是 ECMO 最常見的併發症，如手術部位出血、顱內出血、消化道出血。
2. 血栓及栓塞：可造成末端肢體缺血，可能會有截肢的風險。
3. 感染：氧合器的使用雖可增加血液和氣體交換，但會啟動血液中各種發炎介質，提高感染機率。
4. 溶血：體外循環使用時間愈久，愈容易發生。
5. 缺血再灌流損傷：如腎臟衰竭、肝功能異常、胰臟炎。

至於台前的這部機器，就是從醫院那裏運過來讓大家熟悉的！剛剛講解了這麼多，有沒有人願意上來示範一下使用呢？

面對錯綜複雜的管子，一向滿踴躍的肇亨也是思忖了一下，何況腦袋的記憶體早就被早上的縫合和下午開場的骨折處理給佔滿了⋯⋯這真的是一件難事，而且感冒也不是已經痊癒了。這種感覺就像在戰場上，腹背受敵，而且士兵們都非常疲累，作為指揮官的自己該怎麼抉擇呢？平常一定會勇往直前，但是現在如果撤退了⋯⋯這場戰役就打的不完美，也就是沒有親自操作體會過…正當猶豫之時，傑凡倒是挺身而出，燃燒著心中的小宇宙，為的就是成為和偶像一樣厲害的醫者。

途中用管的順序雖然有錯，插入人工血管的技巧也不是很熟練，但是能夠挺住縫合、骨折處理到了最後一關還能使出洪荒之力的傑凡真的令肇亨刮目相看，經過這一天的課程，傑凡有種蛻變的感覺！能夠在穿著迷彩服的情況下操作這些醫療儀器，實屬難得！在傑凡自願上台和肇亨搭檔操作後，接連也有許多同學受到鼓舞，願意在台前試著操作ECMO，畢竟這種第一次的經驗真的很難得！

「噹噹噹噹！噹噹噹噹！」

下課鐘響起，剛好傑凡的肚子也跟著下課鐘聲一起唱歌。

「肇亨，去吃飯吧，我的肚子餓扁了…今天真的好累啊！」

「傑凡我跟你說，你今天真的超神的欸！完全跟平常的你不一樣啊！感覺過了今天你長大好多欸！」

「好啦說這麼多，還不是想稱讚我很厲害哈哈！那我們可以去吃飯了嗎？」

「可別忘了，雖然你剛剛操作的挺順利的，不過我要來會一會你的ECMO……」

傑凡不等肇亨說完就衝去教室外面了。

「你等我一下啦，我要問你當第一個操作手的感想是甚麼啦！！」

迷彩大叔的叮嚀：

陳穎信醫師

一、創傷在作戰、災難、意外事故的發生機率非常高，創傷處置在軍陣醫學中是非常重要的一項必備技能。

二、學習傷口縫合的技能在未來的緊急醫療與臨床需求非常重要，骨折處置也是身為軍醫必須學會的技術。

三、軍陣醫學中的應用醫學新科技如 ECMO 可發揮搶救生命之功能，更可在特定場合中應用，如運用 ECMO 於空中醫療後送等。

第七章

輻射防治與生物防護

M113 呂文中／N66 蔡文國

輻射防治

【輻射傷害防治】

近年來大家一定對輻射傷害不陌生，最熟悉的莫過於二〇一一年三一一海嘯在日本造成的福島核災。當教官問到大家對於三一一海嘯有什麼回憶時，文中說：「他記得高三的時候緊急宣布全台沿海放假，許多人開車到山上，怕海水淹過住家，像是發生了甚麼大災難一樣。」璞鈞說：「高中那時候準備學測地球科學有學到，台灣東北部延伸至西南部沿海區域的海底地形與地質構造條件都有利於形成海嘯的危險區域。雖然台灣上一次發生海嘯是一八六七年，但所有人都不敢輕忽」。

除了海嘯外，伴隨海嘯的災難大家一定都很訝異，竟然是輻射汙染，核電廠在發電時會產生高熱，需要大量冷卻水，因此大多數核電廠都會選擇蓋在海邊，抽取海水做為冷卻用水。在發展核能發電的一百年內，發生了數起大大小小的核子事故，核子事故主要是核子反應器設施發生或可能發生放射性物質外洩，而足以引起輻射危害之緊急事故，最常造成核子事故的原因不外乎有設備損壞、安全系統故障、人為處置失當、爐心毀損、圍阻體失效等。

每當核子事故發生時，對生物或是生態都是一大災難，如何預防及發生時如何減輕事故傷害是各國一大功課。

許多國家均設有專門機構處理相關事件；舉我國為例，政府與原能會及相關部會成立核子事故中央災害應變中心，並且有完善的緊急應變機制，在核能發電廠附近聚落設有緊急應變計畫區，在輻災發生時，透過村里廣播系統、電視、收音機等預警系統，及時讓居民了解最新情況，並且提醒大家要待在家中或是有掩蔽之處，減少輻射曝露。

諶鴻遠主任講授輻傷醫療體系課程

在醫療上分為三級責任醫院，舉北部為例，位於北海岸核一核二廠中間的台大醫院金山分院為二級責任醫院，三總是最完善三級責任醫院，平時做好輻射傷害處置的準備，照顧民眾的安全健康。

講到輻傷事故要先介紹日本東海村事件，此事故雖然是小型的輻射傷害但卻是研究較為完整的事件。

位於日本茨城縣東海村一座鈾加工廠發生嚴重輻射外洩，本事故計有三名 JCO 核燃料製備廠工作人員受到嚴重輻射曝露（其中二名死亡），五十六名 JCO 員工、三位消防隊員以及七位附近居民遭到輕微輻射曝露，共計六十九人受到非計畫性輻射曝露。三名 JCO 工作人員在治療過程有完整的紀錄，其中一位一開始就失去意識並持續噁心、嘔吐、拉肚子在短時間內死亡，另外兩位分別是噁心、嘔吐、拉肚子症狀，較嚴重的那位病患在幾天內宣告死亡，這次事故讓全世界更了解輻射傷害造成的症狀及嚴重等級。

日本福島核災

再來要跟大家介紹歷史上重大的輻傷事故。首先是距離現在最近的二〇一一年日本福島核災，大家一定對它不陌生，當時在台灣掀起賑災熱潮光是捐款就有新臺幣 68.4 億，遠遠超過其他國家捐款總額，而從台灣寄出的救援物資保守估計亦超過上千公噸，堪稱台灣史上最大的國民外交。

三月十一日下午宮城縣外海發生規模 9.0 大地震，相當於一萬一千顆廣島原子彈爆炸威力，福島第一核電廠原運轉中之一、二、三號機因而自動停機，緊急備用柴油發電機雖曾及時起動供電約五十分鐘，但因地震所引起之海嘯造成緊急備用柴油發電機失效，無法提供泵浦所需之動力，反應爐因喪失主要冷卻水系統及熱移除，無法維持適當冷卻。雖然三個機組仍保有蒸汽帶動之高壓補水，惟一旦故障而無法正常運作，爐心核燃料因水量不足未達覆蓋高度而使溫度升高，並發生劇烈鋯水反應而產生氫氣。一號機最早發生部分爐心核燃料因高溫而損壞，三月十二日開始有放射性物質隨洩壓作業排出之蒸汽而外釋至環境，一個小時後並發生氫氣洩漏至反應爐廠房（二次圍阻體），使上半部廠房因氫爆而毀損。

福島電廠採取斷然措施，將含硼（吸收中子）海水注入反應爐，以降溫降壓。三號機於三月十三日亦有惡化情形，與一號機狀況類似，雖已採取將海水注入反應爐之措施，隨即開始洩壓作業；然而還是在接近中午時分發生反應爐廠房氫爆。

二號機則於三月十四日下午喪失冷卻水而開始注入海水，隨即開始洩壓作業；三月十五日上午，二號機抑壓池（屬一次圍阻體）亦發生氫爆。四號機用過燃料池（位於二次圍阻體頂樓）區域於三月十五日上午失火，緊急撲滅。事故發生後，持續對一、二、三、四號機進行消防注水作業。終於在三月十九日開始冷卻系統也慢慢修復，輻射物質外洩也受到控制，三月二十二日至三月三十九日機組陸陸續續恢復供電，回歸正常。

這十幾天的時間，造成了人員傷害與環境污染，總觀輻射污染：有十七人（九名東電員工及八名包商員工）臉部遭受輻射物質沾附，但因劑量低未送醫。一人在核電廠排氣作業期間遭受顯著輻射曝露（Significant Exposure）但已送離廠區，二名警察遭輻射污染但已完成除污作業，輻射救災消防人員也接受輻射污染調查；在附近地區及海域也在成不可回復的破壞，隨著季風及海流汙染也漂流到世界各地。

關於這次的傷害並不是很嚴重，在醫療統計上，人民對於輻射恐懼，遷移過程造成傷亡反而是較大的傷害。另外政府規劃在突發事件還有進步空間，怎麼樣安撫人心、清楚解釋輻射傷害是很重要的課題。因應這次的事故，福島大學成立輻射研究中心，調查低劑量曝露是否造成身體影響，藉由超音波觀察甲狀腺癌是否上升，帶來效應未來有待觀察。

美國三哩島事故

講到核能事故，一定要提到最早發生的美國三哩島事故。一九七九年三月二十八日凌晨發生核能發電史上第一次反應爐爐心融損的事故。

位於美國賓夕凡尼亞州哈里斯堡的三哩島核能電廠二號機發生跳機，值班的運轉人員按照運轉程序處理此一突發狀況，起初運轉人員並未發現有任何特殊狀況，預期可以順利的將反應器冷卻，進入冷停機狀態。但二十八日凌晨值班人員發現，圍阻體地面有少量積水，且積水中含有超標的放射性物質。這種情形在一般電廠的跳機事件中並不常見。

不料到了早上，圍阻體內的放射性強度已較正常時的讀數高出數倍，開始管制電廠區域的交通和進出人員，並通知美國聯邦政府相關組織。由於狀況的持續惡化，電廠於七點三十分宣佈進入「全面緊急狀態」。

接著美國核管會自附近城市派遣數架直昇機到電廠做環境偵測，偵測結果顯示三哩島電廠上空的輻射劑量強度為每小時 0.20~0.30 毫西弗，這一訊息透露出三哩島核能電廠發生了非常嚴重的意外，後來處理的得當，沒有造成太大的災難。

蘇聯烏克蘭車諾比爾災變

最後是有史以來最重大的車諾比爾核能電廠災變，一九八六年四月二十六日凌晨，蘇聯烏克蘭車諾比核電廠的四號反應爐發生爆炸，釋放出大量的放射性物質，成為人類史上第一個嚴重的核子災變。

爆炸後引起反應器內石墨的燃燒，造成大量的放射性物質外釋。蘇聯政府迅速的疏散了車諾比爾區域的五萬居民，但是並未將電廠發生災變的新聞對外發佈。整個事故過程中，因蘇聯政府不主動提供消息，故西方國家對車諾比爾災變的嚴重程度很多都是透過猜測。

根據到蘇聯協助醫療傷患的美國骨髓移植專家所提供的資料顯示，總共有二百九十九人住院接受治療，這些人大部份為電廠工作人員及救火隊員，到五月三日為止，有十一人死亡。這次事件讓大家了解到身為第一線救災人員，自己的健康需首要注意，才不會救人反而成為被救或是犧牲的一群人。

大約有十一萬六千位居住在核電廠週圍的民眾，疏散撤離家園以減少輻射曝露，總面積四千三百平方公里的高劑量區被劃定為「禁制區」，以防人員擅入。事件發生後，為數二百三十七位職業工作者，因輻射曝露引發臨床上之併發症而住院，經診斷有一百三十四例屬於急性輻射之確定效應。

一百三十四位病患中，有二十八人在最初三個月內死於輻射傷害，另有二位死於與輻射非相關的疾病。十一位病患由於接受大於十戈雷（Gray）之劑量，而引發消化道之傷害。事故十年間，另有四位死亡，但其死因與輻射傷害的確定效應無關。

受輻射響地區小孩甲狀腺癌的明顯增加，是車諾比爾災變中，唯一可以清楚確定的輻射健康效應，至一九九五年底，共發現約八百例的十五歲以下兒童甲狀腺癌病例。事故發生時已出生及事故後六個月內出生的小孩，其甲狀腺癌上升極明顯，但事故後六個月才出生的小孩，其甲狀腺癌罹患率與未受曝露民眾相同。

血癌是與輻射曝露主要相關的疾病。由日本原子彈爆炸倖存者和其他研究顯示，輻射引致血癌致死的機率不大。

據估計居住在污染區與禁制區內的七百一十萬居民中，會有四百七十個因輻射而引發血癌的病例。但七百一十萬的人口中，因其他原因引發血癌的病例為二萬五千個，故從統計學上來說無法確切估計輻射的影響。

據估計一九八六到一九八七年參與清除的二十萬人中，會有二百個因輻射而引發血癌的病例。而因其他原因發血癌的病例為八百個。依據目前的估算模式，二百個輻射引發血癌的病例中，會有五十個病例在接受劑量後十年發生。但到一九九五年底，二十萬人中共有四十人罹患血癌。因此，至今的結論為除了甲狀腺癌以外，似無明顯證據顯示，血癌或其他癌症有升高的現象。

聽完那麼多的介紹後，許多同學彷彿穿越歷史，親身經歷這些重大事故，下課後同學跑去問老師說，那麼多事故後，人類的發展上有什麼進步？

老師說他二十年前是第一批被國家派去美國田納西橡樹林核能中心學習的醫師，他們當時學習各個事故時，每一次都更加瞭解輻射。

這二十年來，每年都有最新輻射處置準則，在美國或是在三總也都發展適用於當地的輻射處置，像是三總身兼國內核醫的首選醫院，每年透過漢光演習操演隨時做好準備。

【輻傷處置】

文中聽完了那麼多輻射傷害，心中有個疑問：「如果自己遇到了輻射事故，要怎麼辦？」

「大家可能會想到碘片。」

碘片是一種藥物，隨便服用反而對身體有害。服用碘片是為了防止事故時可能排放的放射性碘積存於人體甲狀腺部位，避免或減少甲狀腺癌之發生率。

現行碘片一錠 130 毫克，碘含量為 100 毫克。在市面上有販售碘鹽，但碘鹽中的碘含量為 20~35ppm，意思就是若成人要吃一錠的碘片，鹽量要吃到約 2.5 公斤~5 公斤。

所以就算發生輻傷，也千萬不要靠吃碘鹽排除放射性的碘。還有碘片最好是在得知輻射塵抵達的前一小時服用，教官也有提到一旦曝露在輻射中，最佳的第一步驟是，丟掉受汙染的衣服並清洗頭髮與身體。

再來到達醫院時要進行檢傷分類。輻射傷害分為兩大類，分別是曝露及汙染；在生命徵象穩定下，偵測輻射劑量，曝露方面可以藉由生物學證據得知，淋巴球變化、染色體是否出現碎裂片、雙中節出現頻率觀察嚴重程度；物理學原理可以藉由劑量推算回推當場事故輻射。而在汙染處置上先得知是哪種核種、了解全身內外的污染位置及嚴重程度。

再來我們當然要了解輻射曝露會如何影響人體健康：

輻射風險

專家表示，有3件事情決定輻射是否無害、讓人衰弱或是致命，分別是曝露強度、持續時間與獲得治療。

輻射塵含有輻射物質銫137與碘131，銫137的半衰期長，約三十年，碘131的半衰期短，約八天。曝露強度是用毫西弗單位計算，人體吸收的輻射量是以毫戈瑞（Milligray）計算。

輻射曝露

醫生說，在醫療用途上，曝露在控制中的微量輻射不會產生副作用。舉例來說，一次腦部掃描會產生25毫西弗的輻射量，全身掃描會有150毫西弗。不過，單次曝露在1000毫西弗，會產生暫時的輻射疾病，包括噁心與嘔吐。

全身曝露在5000毫西弗的輻射量，大概有一半的人可能會死亡；曝露在6000

毫西弗，如果沒有立即接受治療，將會致命。

根據核子產業組織世界核能協會（World Nuclear Association），單次曝露在1萬毫西弗的輻射量，會在「幾週內」導致死亡。

輻射汙染疾病

對健康造成的主要危害是癌症，尤其是白血病，以及肺癌、甲狀腺癌與大腸直腸癌。

法國輻射防護暨核子安全研究所（Institute for Radioprotection and Nuclear Safety）首要研究員古梅龍（Patrick Gourmelon）表示：「風險與接收的輻射量成正比。」

他說：「即使是很小的輻射量，致癌的風險還是會升高。」

如果曝露在極高的輻射量，人體骨髓會停止製造紅血球與白血球，導致死亡。消化道內的細胞也特別容易受到侵害。

長期的影響是，輻射會損及DNA，導致嬰兒可能有先天性缺陷。

小辭典：

美國環境保護署（Environmental Protection Agency）發布的資料，指出不同的輻射曝露量可能會對人體造成的影響：

曝露在 50 到 100 毫西弗（Msv）的輻射量：血液起化學變化。

500 毫西弗：幾小時內感到噁心。

700 毫西弗：嘔吐。

750 毫西弗：2 到 3 週內掉髮。

900 毫西弗：腹瀉。

1000 毫西弗：體內出血。

4000 毫西弗：如果沒有治療，可能在2個月內死亡。

1 萬毫西弗：腸壁受損、內出血並在1到2週內死亡。

2 萬毫西弗：中樞神經系受損、幾分鐘內失去意識、幾小時或幾天內死亡。

最後身為國軍專業醫療人員當然要講醫療部分。在治療方面，必要的處置為血行功能維持、水份及電解質、合併傷之治療（如燒傷、骨折等）、心理治療、骨髓移植改為幹細胞移植、細胞素使用。針對不同核種及嚴重程度還會加上替換、螯合劑使用、注射血球生成素。

【輻射傷害防治中心參觀】

走出學院的電動門，通往醫院的中央走道上，一個不起眼的地方左轉是三軍總醫院的輻射傷害防治中心，這個地方平常不為人知，但如果真的遇到了緊急事件就成了全國輻射防治的指揮部。這個中心在三軍總醫院核子醫學部鄭澄意主任的帶領下，在二〇一一年還榮獲 SNQ 國家品質標章。

三總輻射傷害防治中心參觀，同學們專心聽著老師介紹輻傷處置及清汙。

二〇一一年於日本三一一輻射外洩事件發生後，三軍總醫院輻射傷害防治中心成為由行政院衛福部唯一指定核災緊急醫療示範演練單位。每年的漢光演習其中一項重頭戲是輻傷的處置，藉以熟悉各項輻射傷害處置之流程。

當傷患從救護車送到急診時，首先進行的是檢傷分類。如果判定是受汙染輻射傷患且生命徵象穩定時，馬上交由穿著防護衣的醫護人員進行多次的除汙。在三總設備相當完善，除了有一般簡單輕汙除汙室外，還有可以全身是沖洗的重汙除汙室及淋浴區。

在每一次除汙過後都要測量輻射存量，偵測的放射線為α射線、β射線測量。α射線量測器較為靈敏，只要是低劑量的輻射都偵測的到，因此較常拿來測量，經過多次清汙直到低於標準才結束工作，接著病患進入更衣室換上乾淨無汙染的衣服，再到隔離病房進行治療。

當我們站在除汙手術檯旁，聽著老師仔細講解除汙的流程，覺得醫護人員真的很不簡單，必須穿著密不通風高規格的防護衣，忍受著悶熱，毫不馬虎的為傷患清洗超過十餘次，要在最短的時間處理完畢為病患爭取最低的輻射曝露。

三總輻傷防治中心，一個小小的角落，在國家面臨重大危機要擔當起重責大任，多虧了每年紮實的訓練，確實的演練，相信真正需要的時刻，必定能為國人盡最大的貢獻。璞鈞很有興趣的表示將來想要跟核醫部的學長姊一樣，學長說：「你要好好加油，這邊所有的主治醫師都是接受許多訓練後才能主導一件核傷處置，在三總核醫部當住院醫師時，會有一套完整的訓練，還有鑑測，這條路雖然艱辛，但在全國卻是不可或缺的角色。」

醫療檢傷及輻射檢傷

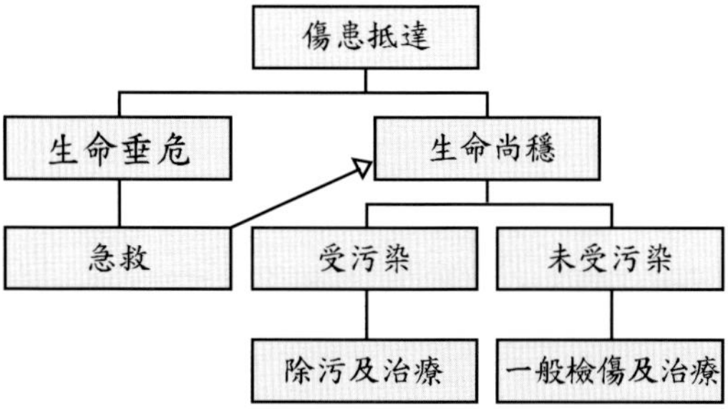

三軍總醫院輻射防治中心醫療動態

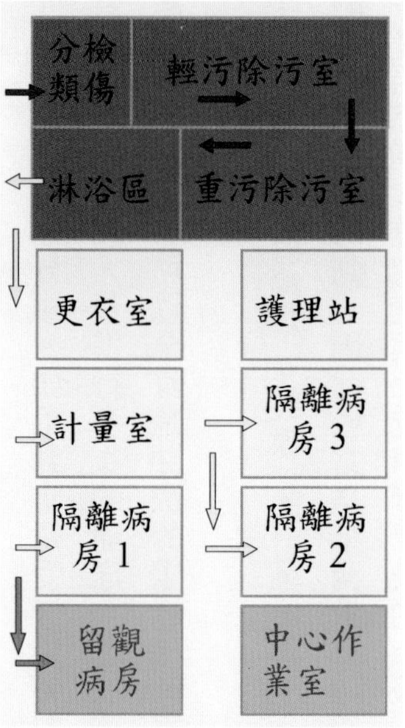

生物防護

【蚊與登革熱和茲卡熱】

埃及斑蚊及白線斑蚊

回到教室，文中看著課表讀著接下來的課名：登革熱、茲卡病毒、生物防護，充滿疑問，究竟這幾個課程有甚麼相關性呢？這時看到幾位老師走進教室，同學們也都安靜下來……

預防醫學研究所林昌棋副所長向我們介紹近幾年來很盛行兩種熱帶傳染病：登革熱和茲卡熱。

這兩種疾病都是由病媒蚊叮咬所傳染，到目前為止我國沒有核准上市的疫苗且沒有特定治療藥物。

二〇一五年全台有43784人感染登革熱，當時人心惶惶，在南部地區造成恐慌，為近三十年來最嚴重的一年。

同年茲卡熱在巴西大爆發，已有四千多出生嬰兒成為小頭症引起全球關注；二〇一六茲卡病毒攻陷亞洲，至8月底，台灣已經有出現六例境外移入病患；八月二九日在新加坡一天內更是暴增41例本土感染，全球為之震驚。

二〇一六年巴西里約奧運許多好手擔心茲卡病毒疫情，決定不參賽，影響力極大；奧運期間，各國運動員仍舊小心翼翼，韓國奧委會甚至組建一支由9名醫生為主體的醫療團隊到里約，開辦一個臨時診所，確保韓國選手的身體健康，所幸在奧運期間沒有聽到任何疫情，為里約奧運畫下一個完美的句點。

登革熱和茲卡熱有個共通點，他們的感染方式皆由病媒蚊叮咬傳染。

講解登革熱和茲卡熱前，要先來認識埃及斑蚊及白線斑蚊的不同。兩者在台灣均存在，但是分佈領域有異。埃及斑蚊分布於臺灣北緯23度以南之地區及澎湖列島，主要分布在嘉義縣布袋鎮以南。其活動主要在家戶室內，少部份在屋外周圍，此蚊嗜吸人血，且習性敏感易受干擾而中斷吸血，易造成一隻母蚊叮咬多人，所以在人口高密度都市，埃及斑蚊具有重要的傳染地位。

林昌棋老師教授傳染病課程

而白線斑蚊分佈於全島之平地及一千五百公尺以下之山區，多數生活在野外，此蚊會吸各種動物的血，包括叮人，吸血時不易受干擾而中斷，造成一隻母蚊只叮咬一隻動物宿主。

如果將這兩種蚊子放大，會發現白線斑蚊之胸部背板中間，僅有一條寬而直的銀白線；埃及斑蚊成蚊其胸部背板之側緣有一對銀白色之吉他狀曲線，中間另有一對狹長之黃白色直線。

埃及斑蚊幼蟲主要孳生於人工容器，包括花瓶、花盆底盤、水桶、陶甕、水泥槽、廢輪胎、地下室及其他各種可積水容器。白線斑蚊除上述人工容器外尚包括天然容器如樹洞、竹筒、葉軸及椰子殼。

此兩種斑蚊在白天吸血，晚上休息，對於宿主的體熱溫度、呼氣的二氧化碳、排汗的乳酸味道具有吸引力，以早上九到十點及下午四到五點為活動高峰，吸血後三到五天會產一粒一粒的卵在孳生源的水線上方壁上。

登革熱

登革熱病毒必須藉由病媒蚊叮咬才能從人傳人，病患從開始發燒的前一天直到退燒，約六天，此期間都具有病毒傳染力，此為登革熱病患之病毒血症期。病媒蚊叮咬登革熱病患八至十五天後，蚊唾液腺即含病毒，則具有終生傳染病毒的能力。

茲卡熱

茲卡熱是最近常聽到的疾病，主要由斑蚊傳播如埃及斑蚊。病例分布在中南美洲、東南亞及大洋洲國家，巴西為最主要的感染區。茲卡熱的病人可能會有發燒、結膜炎、關節痛、頭痛，或是產生斑丘疹等輕微症狀，且通常不會持續超過七天。

造成茲卡熱的茲卡病毒於一九四七年被分離出來；二〇〇七年在密克羅尼西亞，人類史上第一次有紀錄的茲卡熱大爆發，在二〇一五至二〇一六年蔓延到大洋洲及中南美洲，在巴西有數千感染孕婦生下小頭症缺陷胎兒，及患者會有Guillain-Barre神經症狀，造成恐慌。因為茲卡的潛伏期約為八至十天，常常感染的人症狀輕微，自己不自覺，而患者病毒血症期較長約十一天，也會經由輸血、性交體液感染。人在疫區被蚊媒叮咬並藉由飛機運輸，因此讓茲卡熱容易擴散世界各地。

防範這兩種病媒蚊傳染病除了噴藥滅蚊外，最簡易的做法還是平常做好防止病媒蚊孳生的預防工作。

小辭典：

預防病媒蚊孳生的方法：

1. 營舍裝設紗窗、紗門；睡覺時最好掛蚊帳。
2. 清除不需要的容器，把不用的花瓶、容器等倒放，避免積水。
3. 營舍的陰暗處或是地下室，可噴灑合格之衛生用藥，或使用電蚊燈。
4. 營舍內的盆栽底盤和盛水的容器必須每週清洗一次，清洗時要記得刷洗內壁。
5. 放在戶外的廢棄輪胎、積水容器等物品馬上清除，無法處理的請清潔隊運走。
6. 平日至港口、市場或公園等戶外環境，宜著淡色長袖衣物，並在皮膚裸露處塗抹具有DEET之防蚊液（膏）。

國防醫學院預防醫學研究所簡介：

國防醫學院預防醫學研究所（簡稱預醫所），是國軍生物防護作戰的重鎮，其設立更是意義不凡，肩負著時代任務，基於國防安全及軍陣醫學之研發需要，以維護國軍戰力，加強國防防禦能力而成立。

民國五十九年底，以色列柏格曼（Bergmann）教授來台訪問，在晉見　總統時，曾陳述生物戰偵檢防護技術之重要。國防醫學院奉國防部令於民國六十年五月召開「生物醫學研究室」會議，從民國六十年六月即展開「第一試驗所」籌備工作，於六十一年三月一日正式奉准國防醫學院增設第一試驗所，交付任務展開研究發展工作，民國六十九年六月更名為「預防醫學研究所」至今。

預醫所地處新北市三峽區大埔山區，主要任務為「偵檢防治」之生物防護作戰，針對可能被使用作為生物戰劑的細菌、病毒、毒素等致病原，研發快速偵檢方法。預醫所的工作就像是「微生物獵人」，目前已建制天花、鼠疫、炭疽熱及肉毒桿菌等生物戰劑的快速偵檢能力，這些都是預醫所的「微生物獵人」在生物防護作戰方面所付出之成效。

特別值得一提的是，預醫所的P4實驗室，是國內目前唯一的P4實驗室，也是全球第八個擁有P4實驗室的單位，目前全球的P4實驗室不超過二十個。P4實驗室配有獨立個人呼吸系統、等差式負壓、空氣過濾、沸水消毒等設備，可供研究空氣傳染的高致死率、高感染性致病原，在亞洲僅日本擁有同等級的生物實驗室。

預防醫學研究所所徽

【生物防護、快速偵檢及先遣採樣】

下一堂課由預防醫學研究所生檢組副研究員徐榮華博士跟大家談的主要有兩個項目，一為認識生恐攻擊及其應變作為，也就是特殊致病原快速偵檢平台的建立與研發；第二就是生物應變小組設備簡介，包含了個人防護及清消除污裝備介紹。

而所謂的特殊致病原，其定義是⑴為能製作成生物戰劑，引發生物恐怖攻擊，造成大量傷亡的病原-例如炭疽、鼠疫、蓖麻毒素等；⑵為能造成大流行疾病的病原，例SARS、登革、流感等。所謂快速偵檢，顧名思義就是在最短的時間內能得到一個偵檢的結果。也就是說，我們希望能在最短時間內，檢測出一個即將或是正在疫情爆發（Outbreak）的病原，進而監控並減少所引發的傷亡。

生物防護的概念

從一九九三年日本東京地鐵以及二〇〇一年的美國國會辦公室的炭疽粉末事件，引起大家對生物恐怖攻擊高度重視，各國都在尋求有效的監控方法來減少因生物攻擊所導致的傷亡。而生物事件，當然要先排除化學或輻射等與生物無關的事件。

生物攻擊事件的發生，一般可分為兩種，一種是有預警，另一種則是無預警。有預警的部分大都目標比較明確，通常也伴隨著某種目的，像是要求贖金或是在政治上釋放某人等綁架勒索要脅等等，這種方式與無預警事件相比，會相對容易處理。因為它可能已經告訴你時間、地點及成份（病原），所以你只要針對特定的成分去處理即可。但無預警則不同，當事件爆發，你往往要針對各種可能去應對，而不同的病原在初期有時也會有相同的症狀，也會有誤判的可能，處理上就較為不易。

然而，並不是所有的生物事件都是恐怖攻擊事件。真正的生物事件有幾個特點，包括特別設計的病原，舉個例子，大腸桿菌（E. coli）是日常生活常見的細菌，大部分無害；如果把某種致病基因與 E. coli 嵌合，使其外表仍是 E. coli，但其實已經變心成為某致病原，讓大家疏於防範。而這類事件一旦發生，必定會導致民眾的大量死傷，引發恐慌，使國力癱瘓。

生物事件鑑識工作困難的原因，主要是因為生物事件發生後，並無立即性之傷害，不像一些化學性神經毒氣，接觸後立馬引發皮膚潰爛而死亡。生物事件必須等候一段時間，待發作後，才能針對症狀研擬各種可能，並找出應對之道，這就錯失了處理的契機。所以，快速偵檢，對生物事件而言，是極重要的一環。

生物戰劑

生物戰劑並不全然由加工取得，有甚多是存在於自然界，像是最常見的炭疽、鼠疫、肉毒、葡萄球菌腸毒素B（SEB）等等，都是以天然狀態存在。當然，經過加工後，其毒力會更強，也更穩定，便可用來做為生物武器。重點是，生物武器的價格低廉，方便製造，因此也被稱做「窮人的原子彈」。

生物戰劑會產生危害，當然是因為碰觸，包括直接接觸、誤食、呼吸或是被人以注射方式打入體內。基本上，生物戰劑要被攝入體內，首先它的分子必須要夠小，才能夠隨風四處飄散，或是經由其他媒介攜帶，達到散播的目的。當微細粒子經由呼吸道吸入，5-10 μm 在上呼吸道就落下，而 1-5 μm 就容易到達肺泡。

生物事件的偵檢工作

事件發生後，馬上就必須有召集的動作，包括先遣人員和防護應變人員；這裡的先遣人員和之後提到的採樣先遣人員不同，此處的先遣人員應儘速到達事故地點，先了解事故狀況，並留在現場，隨時向生物防護小組指揮官報告最新狀況。若有需要出動防護應變小組至現場採樣，則小組人員必須在最短時間內返回、集結、整備並移往事故地點，然後於一定時間內展開作業。這些流程，包括人員的召回，裝備的裝載（包括數量和順序）、行車的路況等，一定要確時達成，若是沒有充分演練，還真無法順利完成。

一旦於事故現場採樣完成，便必須做初步的檢驗以確認檢體是否具有”特殊致病原“的成分，這時，快速偵檢系統有表現的機會了。紙碟、DNA與ATP檢測儀各有各的發展舞台，可分別在最短時間內檢測出檢體是否含蛋白、細菌或病毒。若結果為陽性，則檢體必須送至實驗室做進一步檢驗。而經過初步檢驗，如果得到陰性結果，那檢體……還是要送至實驗室檢驗。初步檢測完成後，即可準備撤離，在人員及配備完成清消後，裝載完成，在指揮官下達命令後，即可撤離返回可愛的家。

先遣與採樣

事故現場的採樣，首先，需要有先遣人員，先遣配備則有畫圖板、油性筆、照相機、編號牌、75%酒精（噴瓶），進到現場，記得六字箴言－看看挖拍謝共（左看看，右看看，畫畫圖，拍拍照，寫寫字最後再說說話），任務便算完成一半，然後就等待採樣人員抵達後再一同進行採樣工作。左看看，右看看，是尋找可疑之處，畫畫圖，畫出現場簡圖並標示可疑檢體位置，放置標示牌，並拍照，這不是拍說讓你比個YA說到此一遊，而是拍照存證。接著就是寫字註明檢體狀況－粉末、液體等等，最後再說說話，回報指揮中心，請求派採樣人員支援。這裡的初步作為就是視狀況降低後續生物危害的風險，如移開障礙物，防風等。

採樣人員的配備則包含油性筆、75％酒精噴瓶、大面積採樣包（SWIPE-1: Large Area Sample Collection Kit）、粉狀小面積採樣包（SWIPE-2: Powder/Small Sample Sampling Kit）、液體採樣包（SWIPE-3: Liquid Sample Collection Kit）及空氣採樣包（SWIPE-4）。人員分配則需符合，人數少，三人；小組長與一員採樣先行，後再支援一人做助手兼紀錄；人數多，則可配置六人。

偵檢

偵檢是運用不同儀器設備，判定檢體種類，細菌、病毒或是蛋白毒素：

1. 利用 ATP 與 Luciferin 作用，經 Luciferase 催化後產生冷光，進而偵測冷光的數值得知待測檢體是否含有 ATP 物質。0~20 負結果(-)；20~100 不確定，需重複；>100 正結果(+)。

2. 利用螢光物質 Picogreen 與 DNA 結合之特性，藉由快速檢測器，偵測螢光之數值初步判定檢體是否含有 DNA。

3. 蛋白質，黃色(-)，顏色愈深，蛋白濃度愈高。

檢測結果，ATP及DNA及蛋白若是陽性，則需進一步用紙碟檢測。紙碟目前可檢測的項目有包含炭疽、肉毒、蓖麻毒素、鼠疫…等。預醫所現又自行研發了登革，正研發中的還有伊波拉，對生物戰劑或是較常見的疾病而言，紙碟提供了一項極具潛力的偵檢工具。

【個人防護裝備穿著】

整體暑訓軍陣醫學實習課程中，就屬預防醫學研究所最熱情支援我們的「生物防護課」了，謝博軒所長特別指派十三位博士級的老師前來指導我們。

在下午的課程，是大家眾所期待防護裝備穿著，看到講台上擺著兩套A級防護衣，每個人都虎視眈眈，腦中想著等一下操作時間要搶先穿到它。

A級防護衣號稱絕對防護，又稱為A級耐用型氣密式化學防護衣，從頭到腳一體成形，氣密性佳，曝露在一百多種化學藥品可達八小時而無法穿透，裏頭的空氣也要靠身上的背的氧氣瓶來供應，可以說是與外界完全隔絕。

講到防護衣，大家一定要先知道共有分為ABCD四級防護衣，A為最高防護等級，D為最低防護等級。C級防護衣呼吸系統與A級相同級，但是皮膚保護較少；在辨識毒劑種類之前，進入現場最起碼必須著此級防護；C級防護衣和B級防護相同的皮膚保護裝備，但是它使用空氣濾清罐（防毒面具），因此為較差呼吸防護系統；D級防護衣不含任何呼吸器，一般的工作服（非安全防護衣）含手套、安全鞋、安全眼鏡、頭盔等等。

在聽完老師講解完，就是眾所期待實際操作的時間了，頓時間教室變成了一群外太空人，大家擺出最帥的 POSE 拍下各種照片，文中想像自己是阿姆斯壯，踏出自己的一小步，留下的不只是回憶，還有防護衣穿脫技巧及基本概念。

賀信恩 繪圖

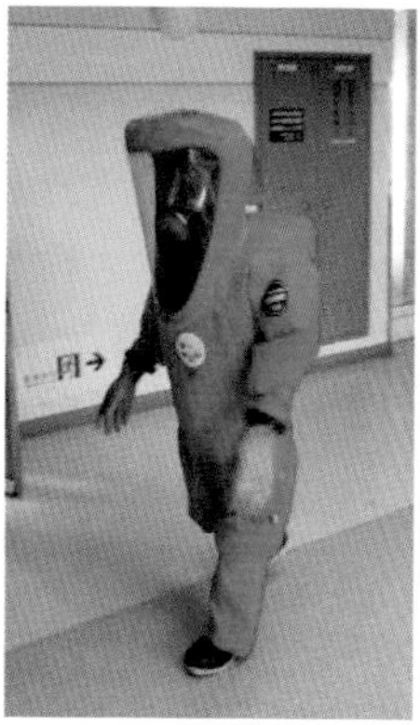

同學們興奮穿著防護衣

四種防護衣樣式

氣瓶式防護衣 (A級)	全罩式防護衣 (B級/生物性A級)	頭罩式防護衣 (C級/生物性B級)	防護衣 (D級/生物性C級)

【採樣套組】

下午的課程接續早上的生恐攻擊。生物事件通常使用特別設計的病原，或帶有高毒性物質，所以生物攻擊事件通常導致大量死傷。

一旦發現疑似案件，就要立即進行生物事件偵檢。

在穿著適當的防護衣後根據採樣物質的不同進行下列四種採樣方式，採樣整個過程包括：採樣、紀錄、包裝檢體。

而在記錄上要有採樣人、採樣點、檢體編號、採樣日期標籤註記等幾個點。每一個採樣包都是無菌處理過的，因此我們在操作的過程中，全程要戴上手套，乾淨的那面也千萬不可以碰觸到檢體以外的物質。教官在講解完後讓我們每一組挑選一種來做，沒有操作到的組別也可以在位子上看到這四種採樣包的使用方式。

課程的四位教官他們相當了不起，平常在實驗室裡進行一連串的分析，為我們的安全來把關，在課程空檔的時候他們與我們分享實驗室裡一些有趣的事，增添了課程的豐富。

小辭典：

大面積採樣包（SWIPE-1: Large Area Sample Collection Kit）適用於大面積檢體收集，並使用海綿吸附。

粉狀小面積採樣（SWIPE-2: Powder/Small Sample Sampling Kit）適用於小面積檢體收集，先使用棉花棒吸附檢體，再置入放有液體之 50cc 離心管內收集。

液體採樣包（SWIPE-3: Liquid Sample Collection Kit）適用於液體收集。

空氣採樣包（SWIPE-4: Air Sample Collection Kit）適用於空氣檢體收集。

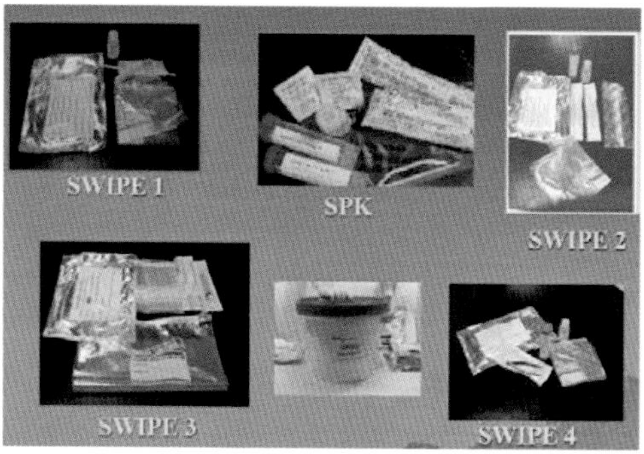

採樣包樣式

除了主手使用的四種採樣包外，副手會搭配 SPK（Sample Preparation Kit）採集檢體之輔助工具，內含針筒、過濾器等可用於混濁之檢體濾清，主副手協力完成採樣。

令同學印象深刻的是大面積採樣包裏頭有塊小海綿，沒想到在打開後竟然變成一大塊，在操作時從撕開包裝那一刻，大家全神貫注，深怕不小心汙染了採樣工具，白白浪費一個採樣包，看到大家協力完成一項任務，內心小小的感動，沒想到一項看似簡單的採樣工作，在操作上還要注意那麼多的細節。

在實地操作採樣套組的同時，我們還有生物戰劑快速偵檢紙碟（Smart kit）測試的實作。

這種免疫側流式紙碟原理是運用抗原—抗體反應，結合奈米金粒子光學特性與聚集呈色（酒紅色訊號）之特性，其快速檢測時間短、直覺判讀、方便操作等特點，適合發展野外檢測使用。

偵檢紙碟檢驗結果會有控制組、實驗組兩條線，在陽性結果中會呈現兩條線，陰性結果則呈現一條線。（如下圖）

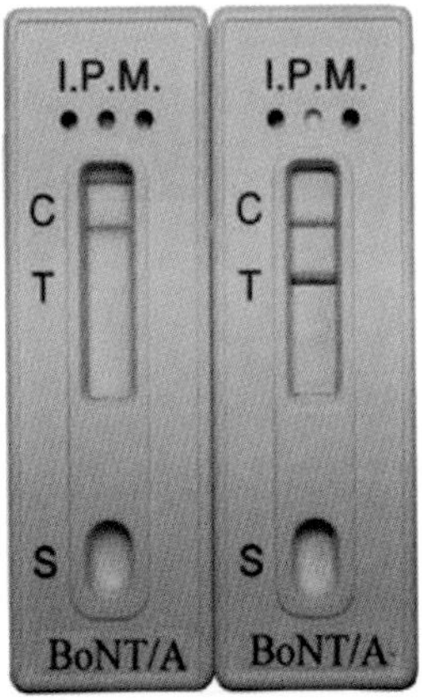

L: Negative R: Positive

偵檢紙碟檢驗

走出教室，教官跟我們介紹一台很貴的設備，它是 XMX-2AL 手提式空氣採樣機，一個像是小小的手提箱就要價六位數以上。這台機器每分鐘收集 600~800 公升氣體，收集五分鐘的量，將其濃縮於 5cc 液體內，再將濃縮液拿去做檢驗。光看這個數據就可以知道採樣機的厲害，這種空氣採樣機主要收集 1-10μm 大小（即吸入後會留置於呼吸道之粒徑大小），也就是可能具生物攻擊的空氣粒子。

攜行式空氣採樣機

聽了那麼多，教官讓我們每位同學都能實地操作裝上及卸下液體瓶，在演練的過程彷彿自己就是檢驗員，正進行一件關乎大家安全的大事。

文中及其他同學帶著滿滿的新知以及愉快的回憶步向學餐，與同學們討論今天發生種種有趣好玩的事，回憶著穿著防護衣、參訪輻傷中心，大家嘴角邊勾起了一道道弧線！

晚上文中找了璞鈞一起到健身房，身為軍校生維持良好的體能相當重要，在國防醫學院有全新設備的健身房又有國際標準場地的室內游泳池，這種得天獨厚的運動場地真的要很感謝。一個小時的慢跑、做完基本的肌群訓練後，揮灑汗水卻一點都不疲憊，回到連上關大燈，讀點書聊聊一日的心得，期待著明天的課程！

迷彩大叔的叮嚀：　陳穎信醫師

一、核生化的災難威脅在現今的災難事件中是嚴重挑戰，軍事戰爭可能出現核生化作戰，甚至在恐怖攻擊中都可能出現這些致命的核生化致病原。尤其輻射傷害與生物恐怖攻擊更是可怕的災難。

二、核生化災害應變當中很重要的環結是早期警覺、自我防護、偵檢監測與災害管制等一連串防範處置措施。

三、我們應積極學習核生化災害的知識與處置，可有效降低傷害與進行正確預防治療。

第八章

航空生理與醫學

M113 郭蘋萱/ N66 李世婷/ N66 于欣伶

航空生理與醫學

上了一個早上的課，威恩與晨信躺在軟軟的草地上，靜靜仰望著藍天，一邊回味著課堂的點點滴滴，一邊欣賞著變化萬千的白雲。對於最近學到不少特別的醫學知識，威恩感到十分欣喜。

威恩：「沒想到世界上有這麼多學問！高中的我，總覺得所有的知識都應該去學習，不用特別去區分，哪些科目是我最喜歡、想繼續研究下去的。」

晨信：「對啊，但是經過這次的認識，才發現原來大學以後，越來越專精，工作以後就更專一，比如就專門在研究剛剛學到的輻射傷害、或是高山醫學。」

威恩：「嗯嗯，就像我曾經聽學姐說『醫學院的課有點像更深入的高中生物，上課就變成一直在上生物課，當然有時候還是會需要其他科目知識的輔助，但是如果你喜歡生物的話，就歡迎進來唷！我從以前就超喜歡生物的……』」

晨信（超大聲）：「甚麼！你說甚麼我聽不到！」

飛機轟隆隆的劃過天際，蓋過了威恩的說話聲，位於航道下的國防醫學院學生，對於這樣的情景都不陌生。

威恩：「哈哈沒事啦！不過說到飛機，你知道下堂課，我們就是要學航空醫學與空中救護呢！」

晨信：「真的假的？被你這麼一說，我越來越期待了呢！」

威恩與晨信站了起來，拍拍屁股上的塵土，走進教室。這堂課的授課老師有三位，三位老師講話富有抑揚頓挫，速度不疾不徐，但在安穩的速度當中，卻包含了經驗的分享傳承，以及威恩晨信先前所不知曉的知識。

「國軍分為陸、海、空三軍，在陸地方面，會遇到的傷患，可能是骨折、氣胸、中暑等等，一般民間醫院大都能夠處理，但是在海裡、天上，可就不一樣了。」

「每一位陸軍海軍空軍都是國家花費無數培養的重要人才，他們訓練的目的有兩個，第一個是萬一發生戰爭時需要他們，第二則是平時的救災工作。我們今天的主題會著重在三軍的空勤人員身上。」

晨信想起了電視新聞時常在播報，某登山客受困山中動彈不得、或是某船隻在海上遇到危難時，會由國家派出直升機，出動協助救援傷者，不禁對於這些無名英雄們肅然起敬。威恩也專注地，邊聽邊點頭，在筆記本上寫下——

三軍空勤人員負責

1. 戰時準備：依靠平時的訓練
2. 空中救護

空軍部隊歷年使用機型

圖片出自中華民國空軍官方網站
http://air.mnd.gov.tw/Publish.aspx?cnid=3770&Level=2

「那空軍醫官在其中扮演什麼角色呢？」老師拋出了這樣一個問題，也讓威恩晨信有所反思，「軍醫是為了軍人而存在的！」每一位飛行員都是國家重要的資產，因為飛行環境和一般的環境大不相同，飛行時會承受很大的風險，因此仔細了解飛行時人類身體的各種變化、平時幫飛行員做訓練、設計訓練，以適應飛行環境，都是軍醫的重要責任，千萬不可以輕忽，在岡山航生訓練中心將會有更多的認識；另外有些救護直升機出勤時，會有醫官在一旁協助，和學過緊急醫療救護的飛行員們一同出任務。

「也正因為意識到空軍海軍醫官的重要性，國防醫學院設有航太及海底醫學研究所，專門研究航空、海底的醫學，可稱之為國防醫學院的特色。」

於是威恩在筆記本上補上——

空軍醫官負責（航空醫學）

1. 平時訓練：岡山分院航空生理訓練中心

2. 空中救護

晨信這也才發現原來第一位老師是醫學系八十二期的學長—何振文老師，主題是航空生理學；第二位老師是醫學系八十三期的學長—朱信老師，主題是航空生理學於急重症空中後送之應用。兩位老師都溫和忠厚，雖然沒有特別說希望同學認真聽，但是從誠懇的解說中，瞭解到軍醫對飛官訓練的重要性後，大家都十分專注。

從老師們謙虛的言語中，看不出原來何振文老師是國防醫學院航太及海底醫學研究所的所長，而朱信老師，則是國軍高雄總醫院岡山分院副院長、航訓中心的主任，特地從高雄來台北上課，威恩晨信都很把握機會，聆聽大師們的講解。

威恩：「欸欸！」

晨信：「怎麼了？」

威恩：「你知道我們接下來好像要去岡山參訪飛官們受訓的地方耶！」

晨信：「真假！聽了今天的課程又被你這麼一說我好期待呀！」

靜香：「專心上課不要竊竊私語啦！」

被心儀的女生從背後戳了一下，威恩害羞的臉都紅了，連忙收起聊天的心，繼續認真聽著今天的課程。

【空中救護】

緊急醫療服務

第三位老師是台大醫院急診醫學部的劉越萍醫師，威恩晨信猜想，老師平時的工作環境—急診室，每天一定都有很多危急的情況需要處理。

「今天我們並不是要討論醫院內的急診室，而是要講傷患還未送到醫院前，那些到院前緊急處置，也就是 EMS（緊急醫療救護系統）。」

威恩晨信有受過 EMT-1 的訓練，而 EMS 緊急醫療服務便是由受過專業訓練的救護技術員（EMT-1、EMT-2、EMT-P）負責提供，與病人的預後也十分相關。

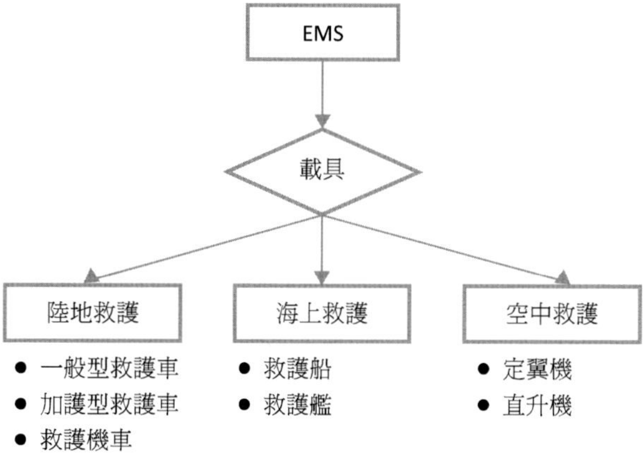

空中醫療救護

「台灣本島的交通方便，因此醫療後送大都選擇陸上的交通工具，但是當交通不便時，便會啟動空中醫療救護。」

空中救護適用於：

1. 離島、海上及偏遠山區後送路程超過三小時者。
2. 交通阻斷時期，如九二一地震初期。

醫療照護中的團隊合作

影片中播放好幾年前，救護車剛到急診室時，醫護人員如何緊急處理，可以看出不太有明確的分工，甚至有點手忙腳亂。

「以前當急診室總醫師時，我和另外一位醫師輪流值所有的班，我們發現一個問題，就算每一位醫療人員都很專業，但是沒有良好團隊合作，急救時病人的死亡率還是很高，因而開始去進修團隊資源管理（Team Resourse Management; TRM），團隊合作和很多事情一樣，都是需要學習的。Teamwork 在空中救護方面，也有絕對的重要性唷！」

良好團隊合作包含：

1. 明確的領導者與團隊（Leadership & Team Structure）
2. 狀況的掌握（Situation Monitoring）
3. 互助合作（Mutual Support）
4. 良好的溝通（Communication）

【慈航天使】

「天啊天啊！」

威恩晨信和其他同學一樣，目不轉睛地看著正魚貫走入教室的一群人。

同學們七嘴八舌地討論著。

「太酷了，這是我第一次見到真正的飛行員耶！」

「今天不管要上什麼課，總覺得能夠見到他們就夠了啊。」

「他們穿著橘色的飛行服裝好英勇唷。」

「他們遠從南部過來這裡為我們上課耶！怎麼覺得有點不好意思。」

空軍救護隊的來訪，立刻吸引了全場的目光。

而空軍救護隊，就是一般人口中的「海鷗救護隊」。

帥氣空軍飛官的任何話語，大家好像都特別仔細在聆聽。

「大家好，我們是空軍 455 聯隊，二〇一四年是我們成軍的六十週年，拍了一部微電影『看見台灣慈航天使』，你們先看一下，可以從影片中大概瞭解我們進行救護的環境。」

一般的商業飛機，都是盡量往安全的處所飛行，以確保自身安全，但是空軍 455 聯隊的直升機卻時常出現在大海、深山，去支援別人無法執行的高山或是遠洋搜救任務，他們雖然身為空軍，卻也在大海中做訓練，因為遠洋搜救中，他們必須下潛至海中，將傷者固定後吊掛上直升機。

圖片出自中華民國空軍官方網站
http://air.mnd.gov.tw/Publish.aspx?cnid=3776&p=68236&Level=2

慈航天使的制服

1. 橘色飛行服
2. 黑色潛水服

接下來的課程

「空中後送注意事項」介紹我國空中救護的兵力。威恩寫下——

1. **原來我國陸軍也有飛行員**
2. **空軍 455 聯隊直升機（機型：S-70C 和 EC-225）**

「救護裝備介紹」介紹出勤時所需器材，例如禦寒包、吊掛衣、救生吊籃、救生擔架等等，整堂課有趣生動，威恩晨信還被請上台，示範坐在救生吊籃內，趣味十足外，也多了好多有紀念意義的相片，原來連坐在吊籃內的姿勢，都是有設計過的。

「空中後送模擬機艙實地演練」利用國醫戰傷中心的 S-70C 模擬直升機，威恩晨信體驗用救生擔架，將傷患送上 S-70C 模擬飛機，體驗完之後，晨信超級興奮的！

圖片出自中華民國空軍官方網站
http://air.mnd.gov.tw/Publish.aspx?cnid=3776&p=68236&Level=2

「威恩，我們剛剛六個人抬，但是傷患加擔架比我想像中重好多唷，而且老師們一直強調必須要有一個人負責指揮方向呢。」

「對啊！且沒想到直升機聲音超大聲、颳起的風也大，難怪會需要有人指揮方向。」

空軍455聯隊，亮眼的橘色制服，是為了能夠被受困者認出；精壯的身體，說明平時訓練的嚴謹，但讓威恩晨信印象深刻的是，每一位飛行員的好個性。他們幽默，讓整堂課絕無冷場；他們親切地說：「我以前EMT就是在國防醫學院受訓的唷，覺得這裡很熟悉。」讓威恩晨信覺得他們就像自己的大哥哥；他們的溫和有禮，令威恩晨信敬佩不已。

晨信因此許下願望：「我以後也要和大哥哥們一樣，成為一位個性好，又勇敢的人！」

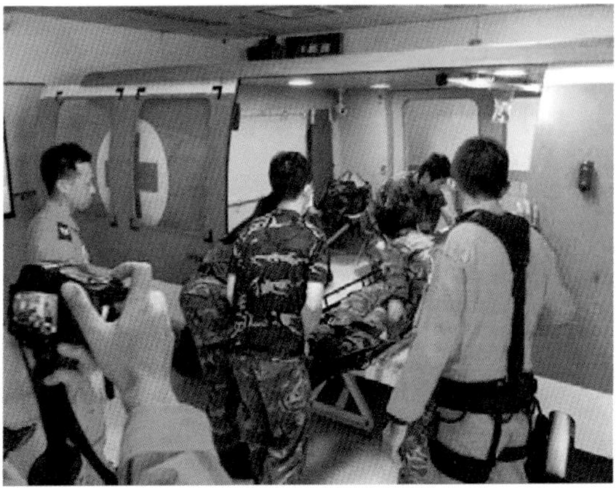

威恩也說：「真的好謝謝他們今天過來幫我們上課！想到他們每天工作都是出生入死，除了佩服外又好捨不得，希望登山客和漁民都要真正注意自己的安全，不要勉強，讓空軍們能夠一路平安。」

【航空生理訓練中心】

經過之前精彩航空醫學課程的洗禮，從台北下高雄岡山的那天，威恩晨信對於這趟旅程可是萬分地期待，這一天威恩晨信特別地早起，用目光歡迎日光的來臨，本來還擔心著是否會睡過頭，或是在旅途中精神不繼，但是還好，整趟旅程之中，興奮的心情掩蓋所有的疲憊，戰勝了瞌睡蟲。

上午九點多來到岡山分院的航空生理訓練中心，參訪這所由現任國防部軍醫局局長吳怡昌中將於當時擔任航空生理訓練中心主任時所規劃設計成立的中心。對於威恩晨信來說，是很珍貴特別的經驗，平時只有畢業後抽中空軍的國防醫學院學長姐，才會來到國軍高雄總醫院岡山分院進行航生訓，也就是航醫、航護的培育訓練，假如畢業後是抽中海軍或陸軍，便不會有機會來到航訓中心；像威恩晨信的大學生，平時也只能透過參加暑期戰鬥營，才會有參訪的機會，在正式參訪開始前，朱信主任做了一段完美而深刻的開場白，讓威恩晨信從「心」思考了很多事。

「台北市的懷生國小、高雄市岡山區的兆湘國小……你們有聽過嗎？」

「這些學校以前其實都是空軍子弟學校，也就是空軍子女就讀的小學，命名為懷生是為了紀念空軍陳懷生烈士，命名為兆湘是紀念王兆湘烈士。每一個學校的名字，其實都是一位為國犧牲的空軍英雄。」原來在台灣，飛行員永遠是在前十大高

圖片取自懷生國民小學官方網站
http://web1.wses.tp.edu.tw/editor_model/u_editor_v1.asp?id={D7D6C934-0E2D-44F2-A3D9-B6F40371357A}

王兆湘

圖片取自兆湘國民小學官方網站
http://www.zxn.ks.edu.tw/

風險職業的前三名，雖然現今機械、技術有逐漸進步完善，飛行風險得以降低，但是危險因子仍舊存在，很不幸地，偶爾仍會有飛官殉職的消息。

朱信主任列出近幾年不幸殉職的英雄，看到這一位位飛官身後所留下的，是他們年幼的子女和妻子、父母，晨信越聽越難過，也非常不捨，才更加理解空軍軍史專家王立楨曾說的話「因為他們（空軍）平日玩命，所以我們戰時保命。」

晨信看向身旁表情莊重的威恩說：「我們真的應該好好感謝他們。」威恩心有戚戚焉地點了點頭。原來飛行員是冒著自己的生命危險，來進行每一次的操演訓練。一位飛官的養成，成本很高而且非常不容易，通過重重的體能篩選，才能夠真正駕駛戰鬥機開始訓練；經過無數的飛行演練，才會成為成熟的戰鬥機飛行員。岡山分院的航空生理訓練中心，便是在平時幫助飛行員受訓，有一系列的機器可以模擬飛行時的環境，在真正駕駛飛機前，先學會遇到危險時如何應變，這時軍醫也必須從旁觀察，適時提出協助，如此一來，才能守護飛官們珍貴的性命。

「希望你們不要只是走馬看花，把這裡當作一般的博物館，你們應該要站在未來成為軍醫軍護的角度，去瞭解飛官嚴謹的訓練過程，這是我們做為軍醫的責任！每一位飛官背後，其實都是一個家庭，我們照顧飛行員時，也同時是在保護無數個家庭，希望你們都能謹記在心。」

威恩想起了邱吉爾曾經說過：「從來沒有這麼多人對這麼少人虧欠這麼多。」空軍們直到今天依然不懈地為了任務而努力，然而當一則不幸的新聞，隨時間漸漸淡去，又會有多少人記得呢？反觀家屬們，卻久久無法忘記。

接下來，威恩晨信跟著航訓中心的老師，跑了六個地方，一一參觀專為訓練空軍而設計的儀器，老師生動而活潑，將大學即將修習的生理知識簡單地融入講解當中，甚至自備禮物每一關都問問題，經過參訪，威恩晨信對於航訓中心有著更深入的了解，航訓中心的訓練設施，大概分為以下幾點：

國軍航空生理訓練中心簡介：

航空生理訓練是在安全的環境下，利用各種模擬設備讓空勤人員了解與學習如何克服低壓低溫及缺氧的環境，以及加速度、空間迷向、夜間視力下降等生理衝擊，以遂行作戰任務。為了達成目的，航空生理訓練中心除了引進國外設備（低壓艙、人體離心機），更在前輩努力下，將航空醫學／航空生理專業與國內國家中山科學研究院的科技實力結合，研發出不遜於甚至超越國外的模擬器（空間迷向訓練器、彈射椅訓練器、夜視訓練系統），為國軍提供優質的訓練環境。近年更在軍醫局局長吳怡昌中將指導下，建立航空動暈症評估與減敏室並針對我國新機種特殊視覺生理議題從事研發，期許做到維護飛行安全及提升空中戰力的目標。

【航空生理訓練】

低壓艙航訓練

來到第一個房間，映入威恩晨信眼簾的，是一個巨大的藍色機器，稱為「低壓艙」，飛行員進入裝置後，透過開啟抽氣設備，可以使密閉的內部空間壓力漸漸降低，模擬高空飛行時的缺氧環境。

「我們先坐進去感受一下吧，不過因為你們都還沒有受過相關的專業訓練，就先不開啟低壓模式了」，在老師的帶領之下，威恩晨信一行人進到了低壓艙內。

大家興奮地交談著「好酷啊，像電影裡演的那樣。」

「好希望我以後也可以抽到空軍，這樣我就可以真的進來體驗。」

「大家先看看這個玩具。」

教官手上拿的，是一個可以讓小朋友依照不同的形狀，把幾何圖形放進盒子裡的玩具。

「我們平常會用這個來訓練，告訴飛官們關於低壓環境可能帶來的生理變化。」

「哈哈哈！這玩具，我剛上幼稚園的小姪子都會玩怎麼會拿來訓練！」威恩按耐不住大聲笑了出來，當然，馬上收到靜香一個白眼。

「在正常的環境下看起來好像很簡單，但你們看看這個影片⋯⋯」影片中的飛行員們，一開始都正常的把玩著這個玩具，正確地把幾何圖形放進該放的位置，但隨著壓力的下降，漸漸的飛官們便無法正確的擺放幾何圖形，甚至開始出現癱軟、意識改變等奇怪的行為。

晨信：「天啊，沒想到低壓的環境這麼可怕！」

老師笑著說：「對啊，每個人對於低氧環境的耐受力皆不相同，低壓艙航訓練目的在於，讓飛行員在平地就先體驗減壓的高空環境，瞭解自己在高空飛行時可能會有的症狀，並學習應對的方法。」

小辭典：

一般來說，高空中大氣壓力、氧氣分壓下降，飛行員可能的症狀有：

1. 缺氧：導致夜視力變差、判斷力減弱、肌肉無力、行為能力改變，甚至意識喪失。
2. 氣體溶解度降低──高空減壓症：導致屈痛、氣哽、皮膚、神經症狀
3. 氣體體積改變──腸胃道、中耳腔、鼻竇內氣體膨脹：導致不適

低壓艙

低壓艙訓練

圖片取自國軍高雄總醫院岡山分院官方網站 http://814.mnd.gov.tw/web/04air/02train_1.htm

彈射訓練

威恩晨信一行人迫不及待地來到第二個房間，看到一台比低壓艙高度更高的儀器。

威恩：「眼前這個機器好像某種自由落體唷，但是它的軌道好特別竟然是傾斜的，一般的自由落體軌道會和地面垂直。」

晨信看了看一邊的講解告示牌，發現這個儀器稱為「彈射椅」，也就是在戰鬥機上飛官的座位。但是和一般我們所坐的椅子不同，當飛行員需要從戰鬥機緊急逃生時，啟動裝置後，「彈射椅」會帶著飛行員，「高速地」彈射出戰鬥機，使飛行員能夠安全著陸。

晨信：「咦？教官，這裡這個方塊是甚麼啊？」

教官：「那是體重計，我們在訓練之前，會依照飛官們的體重，設定一定的G力，在飛行員彈跳的瞬間，可是會達到21G的力量呢！」

威恩：「21G，那是甚麼意思啊？」

晨信：「就是會有21倍的自己的體重壓在你的身上呀！」

威恩：「甚麼！？」低頭望望自己圓滾滾的肚子，威恩不敢想像21倍的體重壓在自己身上會有甚麼後果。

彈射訓練設備

彈射訓練椅

圖片取自國軍高雄總醫院岡山分院官方網站
http://814.mnd.gov.tw/web/04air/02train_1_2.htm

夜視力訓練

第三個房間，晨信威恩來到了一間油漆成烏黑的教室，老師說空軍出勤的時間，只要有需求就會出勤，有時候時間甚至會還在晚上。

威恩一聽，便立刻分享道：「這讓我想起爸爸總是說在夜晚開車，一定要特別專注小心，就算是有開大燈都還是會擔心視力不清楚，更何況是在夜晚的時候開飛機！」

晨信也說：「而且假若是作戰時，應該是不能開燈的，不然一下子就被敵軍發現，這樣豈不是更看不清楚？就像睡前關燈後的畫面，總是黑茫茫一片。」

威恩聳聳肩表示不清楚，晨信疑惑地轉頭看向台前的老師。

老師則繼續說：「平常在這間教室上課時，會將電燈關掉，讓學員們體會黑暗中的視覺，以及在一片漆黑當中，原本的紅橙黃綠藍等等各種顏色，看起來會變成什麼樣子，主要就是要讓空勤人員模擬黑暗環境，並訓練在夜間的視力。而夜間飛行會用到的儀器大家有聽過嗎？」

「其中你們最耳熟的應該就是『夜視鏡』。」

夜視鏡的原理，便是將夜晚的少量光線，透過增強管將訊號放大，再呈現給眼睛，因此可以協助飛官在夜間飛行時，辨別地表的景物；因為夜視鏡只是將微弱光線放大，夜視鏡能力所及的範圍，只有原本就有光子的地方，因此完全黑暗的部分仍會是黑壓壓一片。而很特殊的一點是，從夜視鏡看出去的景象，和白天所見完全不同，顏色已然無法區別，所有光線看起來都像是綠色，因此夜視力訓練的目的，便是讓飛行員熟悉夜視鏡的使用方法，以確保在夜間飛行時，充分發揮夜視鏡的功能。

空間迷向訓練

跟著老師來到第四個房間，發現房間內仍然是一大台機器，稱為「空間迷向機」，空間迷向機和低壓艙不同，內部空間較小但是施行架高，必須透過樓梯才能進到儀器裡面。在機器的旁邊，還有一台不算小的控制器。

老師刻意放大音量說：「有獎徵答囉。你們知道有那些人體部位，和維持身體的平衡有關呢？」

喜歡生物的晨信立刻回答：「前庭！內耳裡面的前庭，雖然位在耳朵內，但是前庭其實會負責平衡。」

威恩也不甘示弱：「還有本體感覺接受器，比如說人體的肌肉、關節，能夠傳訊息回大腦，讓大腦知道身體現在的姿勢是什麼。就算我們閉上眼睛，仍然知道自己的姿勢為何，甚至可以扣上衣服的扣子，便是因為本體感覺的緣故呢。」

老師露出滿意的笑容，說：「但是還有一個部位唷，最簡單但是大家容易忘記，那就是『眼睛』。因此在這個訓練裡，我們會讓飛行員閉上眼睛，當我們把飛機順時針旋轉，詢問飛行員飛機的偏向，剛開始旋轉時，飛行員們多半可以正確說出自己旋轉的方向，但是一旦固定速度旋轉一段時間，飛行員們便無法感受到旋轉，一旦減速順時針旋轉，飛行員們則會感受到自己正逆時針旋轉著。」

晨信：「這樣的話，不就會產生空間迷航了嗎？」

老師聽了笑著說：「對啊，平時我們在陸地上行走屬於二度空間的運動，身體的三大平衡系統會同時作用，使我們知道目前身體所在的正確方向。但是由於飛行是三度空間的移動，和一般情況不同，除了前後左右外，還有快速的上下方向移動，這時候前庭系統和本體感覺系統會失去作用，甚至提供大腦錯誤的訊息，使飛行員在飛行中迷失方向，無法定位，此時唯有不要依靠感覺、絕對信賴儀表，始能避免飛機偏離航線，因此平時的飛行員，必須透過空間迷向訓練，模擬產生錯覺的情形與時機，以及學習解決之道—信賴儀表。」

註：【人體的三大平衡系統：前庭系統、本體感覺系統、視覺系統】

威恩：「信賴儀表？這樣就可以避免迷航嗎？」

晨信：「嗯！畢竟儀表發生錯誤的機率比人體小多了啊！」

空間迷向

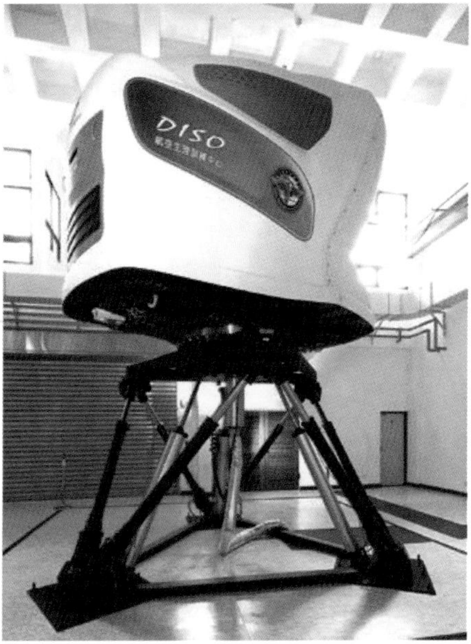

圖片取自國軍高雄總醫院岡山分院官方網站

http://814.mnd.gov.tw/web/04air/02train_1_3.htm

高G耐力訓練

來到第五個房間，威恩晨信感覺到一陣很強的冷氣吹來，這裡就像電影場景一樣房間內有一台大型控制器，而且還可以從玻璃中看到樓下的的「人體離心機」，存放離心機的空間，便是第六個房間。

「大家知道G力是甚麼嗎？」

「我知道！」剛才聽過教官解釋，威恩迫不及待要來個現學現賣「我們在地球上行走，就是承受1G的重量，也就是一倍的重力加速度。」

「沒錯！但是特技飛行中，例如連續轉彎，俯衝投彈後的拉昇等，都會產生各種方向的巨大加速度，由於牛頓第三運動定律－作用力反作用力，使飛行員身體承受比一般更大的加速度。」

註：飛行動作和產生的G力可以整理如下：

1. **正G力：由下往上拉升、或轉彎時的離心力，ex.3G、7G**

2. **負G力：由上往下俯衝 ex.負3G、負7G**

「以正G力為例，假設轉彎時產生3G的正G力，即為承受三倍的重力加速度，血液會被推向下半身，造成腦部血流量銳減，影響身體各種功能，隨著G力的增加，身體表現會有不同症狀出現，依序為神智清醒但產生黑視症、孔狀視野↓G力昏迷（G-LOC）」

老師播放國防醫學院學長受航空訓時，坐上人體離心機，模擬高G力環境的畫面，此時威恩想起在Youtube曾看過類似影片，便跟晨信說：「只要在Youtube上搜尋 G-LOC，就會有很多相關的受訓影片唷。」

「是喔，那我回家搜尋看看。威恩你看影片中，當G力逐漸增加，臉會逐漸被往下拉，就像在坐雲霄飛車！這時候如果沒有確實做好抗G動作，在7G甚至是更高的8或9G，飛行員就整個昏過去了，如果這是真實的飛行，飛機就無人控制實在太危險了，這就是所謂的產生 G-LOC 吧。」

「而且昏迷過後還會手腳抽動耶，聽老師說這是因為腦部在不正常的放電，還好一昏迷過去後，就馬上將G力降低，飛行員就會醒過來了。」

老師看看身旁的同學們，問說：「G-LOC 看起來怎麼樣呢？你們有人想試試看嗎？」

威恩晨信趕緊拚命地搖頭，因為突然昏倒感覺一定很不好受。

小辭典：

1. 黑視（Black out）：視野全黑
孔狀視野：中央視覺，四周視野為黑色

2. G力昏迷（G-induced loss of consciousness, G-LOC）
腦部因嚴重缺血而關機，造成意識完全喪失而昏迷，以致喪失對於真實環境的認知能力。

「開玩笑地，哈哈！這個不能讓你們試唷，會有危險。」

「其實飛行員每隔幾年必須回來複訓，他們都說不太想再次坐上人體離心機，不過為了保障飛行時的安全，定期回來絕對是必要的呢。」

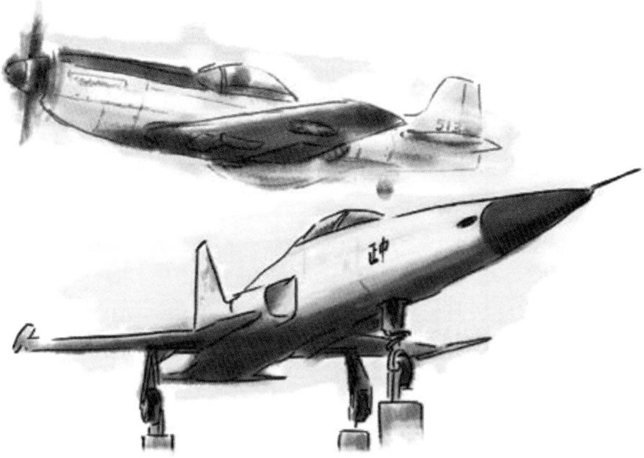

賀信恩 繪圖

威恩又再次體會飛行員堅毅勇敢的性格，與他們訓練的不容易。

「其實聽有 G-LOC 經驗的人說，G-LOC 後因為大腦關機再開機，感覺就像是經歷過深層睡眠、補了一個好眠，不過當然不可否認，G-LOC 在飛行中相當危險。對於高 G 環境的耐受力，和之前提過的對於低氧的耐受力相同，都因人而異，因此高 G 耐力訓練的目的，便是讓飛行員知道自己的忍受範圍，並學習因應之道。」

高 G 耐力訓練

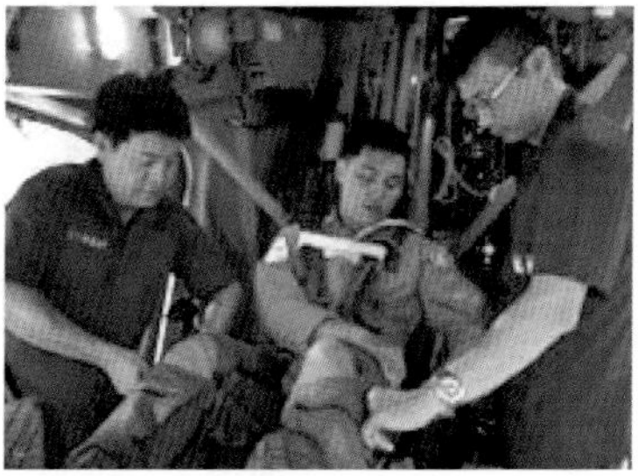

人體離心機

動暈症減敏治療

圖片取自國軍高雄總醫院岡山分院官方網站
http://814.mnd.gov.tw/web/04air/02train_2.htm

威恩晨信透過參觀航訓中心，瞭解到飛行員必須花很多的時間與精力，去經歷紮實的飛行訓練，也了解到自己未來身為醫護人員的重要性，期望能更充實自己，不僅是對國軍盡一份力，也為人民盡一分心，這正印證了最近的新聞「航醫官與飛官互信互賴─空防安全幕後功臣」。

一位國醫的學長，順利通過9G的抗G測試後，很幸運地和飛行員一起乘坐戰鬥機，透過實際乘坐戰鬥機，他才真正瞭解飛行員的辛苦，對這群勇士們只有萬分的敬佩與不捨。學長說：「飛行員把健康交給我們，我們也把生命交給他。」這句話，也為這次參觀航訓中心，下了一個最好的註解。

參考資料

「航醫官與飛官互信互賴　空防安全幕後功臣」新聞來源
http://mna.gpwb.gov.tw/post.php?id=13&message=79196
高雄總醫院岡山分院航空生理訓練中心資料
http://814.mnd.gov.tw/web/04air/01center_1.htm

迷彩大叔的叮嚀：

陳穎信醫師

一、航空生理與醫學在軍陣醫學領域中是獨特且迷人領域。

二、空中醫療救護與後送都需航空生理與醫學的應用。

三、透過模擬機艙演練及實際上機飛行演習可以學習更多空中醫療救護的專業技能。

空軍軍官學校教育長（右三）與帶隊參訪老師們於航空教育展示館內合影

第九章

海底醫學 N66 李世婷\N66 于欣伶\M113 郭蘋萱

海底醫學

一個星期充實的課程即將邁入尾聲，接下來便是令人期待的高雄參訪行程。威恩、晨信兩人提早走進了教室，經過前幾天高體能消耗的課程，現在不自覺飄飄然，靈魂就快雲遊四海去了。

「聽說我們接下來要上跟潛水有關的課程耶，感覺真令人興奮！」

「潛水！好有趣喔。不知道會不會看到熱帶魚？」

「以前聽學長姐說去綠島潛水，聽說超美的耶。」

「在這麼熱的天氣裡如果能夠跳進水裡真是一大享受。」

大家七嘴八舌地交談著，這也才讓威恩、晨信慢慢回過神來，迎接接下來豐富的課程。

「安靜，老師進來了。」靜香不愧為風紀股長，每次都能在老師踏進教室的前一秒鐘讓大家安靜下來。

威恩與晨信看著前方身著海軍制服的老師。

「這不是那個常常在月會出現的長官嗎？」

「連他你都不認識喔？他就是教育長啊！」

「啊對齁！今天是海底醫學，我期待超久的，原來是由教育長來為我們上課。」

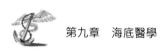

「沒錯，教育長是海底醫學的專家喔，我超喜歡潛水的，他可是我的偶像呢！」一向品學兼優的模範生靜香竟回覆了威恩晨信的對談，威恩聽了可是暗自欣喜，一面臉紅心跳的暗自思忖著，自己也想像教育長那樣成為海底醫學的專家，一面望向自己偶像的偶像。

見大家的悉悉窣窣聲漸漸平息後，教官便開始侃侃而談，「潛水醫學概論」是這次課表上的內容，而這位老師便是之前見過的，現任國防醫學院的教育長—黃坤崙教授，同時也是國防醫學院航太及海底醫學研究所的教授、和三軍總醫院高壓氧治療中心主任。

「各位同學大家好，我是醫科八十二期的學長，相信大家對我都不陌生，不知道大家有沒有去潛水的經驗？」

靜香：「我！」靜香興奮地舉了手。

老師：「那你知道潛水分為幾種嗎？」

靜香：「當然知道。」身為萬年模範生，這樣的問題當然難不倒靜香囉！

小辭典：

潛水分類：

一、潛水艇：使用潛水艇為載具，下潛至深水中。

二、無裝備潛水：不攜帶任何氧氣裝備，就下潛到水中。

「沒錯！」老師笑著點點頭繼續補充「潛水有分很多種，當攜帶的裝備或是下潛深度不同時，其實也存在著許許多多不同的危險。」同時，教官便補充了幾個歷史中潛水發生的悲劇。

小辭典：

1. Russian Kursk（2000），在演習當中，Kursk 這個巨大級潛艇（大概為 747 大型噴氣式客機的兩倍，並在當時為俄羅斯海軍最大的潛艇之一）發生了意外，這時候有關當局卻拒絕接受國際的救援。最終船員們直接因為高壓力的水灌進艙體，或是間接因為缺氧而不幸身亡。

2. Russian AS-28 Priz（2005）雖然被魚網困住，但在合力的救援當中，很幸運的，在氧氣即將耗盡時七位船員順利被救起。

3. Audrey Mestre（1974-2002）是無裝備潛水的箇中好手，但是在一次挑戰 171m 水深時，發生意外卻沒有及時將她拉上岸，Audrey Mestre 不幸年僅 28 歲就過世了。

在教官輕鬆卻不失威嚴的言談中，每個人都不禁正襟危坐的打起精神認真聽講，想要知道在享受美麗的海洋生態，體會波瀾壯闊變化萬象的大海時，若有一位病人因為相關症狀而需要幫助，醫生該如何做出治療。

在這堂課程裡，大家都充滿興趣，在教官生動的講課方式下，諸多深刻鮮明的例子活靈活現的在大家腦中呈現，而課堂上穿插的影片更是引人入勝，充分勾起大家對學習的興趣。

由以上例子，便知道潛水艇有其重要性，因此潛水艇逃生訓練更是不容忽視，國外的訓練場地為很深的水池，透過嚴密的監測，讓受訓者學習如何各種水深，甚至是30公尺深的水位脫困。

「教官我知道！我國位於左營的訓練中心中，是不是也有一個可以訓練潛水員脫困的水槽。」

「沒錯，等我們到了國軍高雄總醫院左營分院，大家就可以一探究竟囉！」

【軍醫的責任】

教官最後提到軍事潛水，提醒了即將成為軍醫軍護的威恩晨信們很重要的軍醫責任。「就是因為潛到水下，很多生理的反應都和陸地上不同，而軍人又被賦予如此重要的任務，軍醫就更要守護他們的安全。」

國軍高雄總醫院左營分院便擔負起這個需要，在海軍同仁訓練的同時，在旁邊幫忙確保海軍的安全。就算是訓練精良的潛水部隊，出任務時也需要醫官同意，醫官必須以海軍官兵的生命為第一優先考量，才不會無辜賠上國家精心訓練的人才。

【國軍高雄總醫院左營分院參訪】

上完這堂精彩且充實的海底醫學課後，威恩不禁開始期待之後兩天一夜的參訪，之後的行程會到左營分院參訪，心中的興奮真是無法言喻。

國軍高雄總醫院左營分院簡介：

是台灣潛水醫學的發源地，是全國最早開始模擬潛水訓練之場所，也是將潛水醫學專業運用於臨床高壓氧治療的創始地，人力完整、多元並具特殊性，潛水醫學團隊資深且專業，為Discovery電視所採用播放全球。設備方面，醫院緊臨海軍最大的營區（含軍港），因著地緣特性，肩負醫療後援任務之重要使命，配備與世界各國之海軍潛水部隊訓練中心相似之模擬裝置、全國最大高壓氧治療艙，為其他國內醫院所無，透過軍方與民間基金的挹助，得以進行最佳的設備養護工程，維持妥善率極高的裝備品質，確保受訓人員與病患的安全。並擁有豐沛的潛水醫學方面的研究場域與研究對象。

在過去三年，潛水軍事醫學服務以試壓體檢為大宗，為推廣潛水安全觀念，辦理院內外潛水醫學相關講解與課程。並提供模擬深海潛水訓練，其訓練艙為全台唯一的一座訓練艙，極具安全、經濟與教育功能，提供給潛水人員的訓練與治療的服務質、量皆列屬前茅，且潛水病治癒率97.5%，僅次於中國大陸99%，優於日本91%。

國軍高雄總醫院左營分院
圖片取自國軍高雄總醫院左營分院官方網站
http://806.mnd.gov.tw/#

看著這些網路上的資料，可以知道左營分院在潛水醫學的地位，威恩心中的興奮與日俱增，盼啊盼啊終於盼到了這一天。

「哇！好興奮呀，我們終於來到國軍高雄總醫院左營分院了！」

「對啊！我期待這天期待好久囉！」

到了左營分院，分成各小組後便四散至各處進行參訪，威恩、晨信還有靜香剛好分到了同一組，一起開始今天的左營分院大探險。

首先他們來到了高壓氧艙。

「啊！這個我知道，這在三總也有啊！是用來幫病人做高壓氧治療的。」看到熟悉的機器，威恩不禁興奮地說。

「是的，沒有錯喔，那你們知道哪些病人是需要做高壓氧治療的嗎？」場邊負責介紹的技術員拋出了這個問題。

「這個我知道，我記得之前上課的時候教官有說過唷！」不愧稱號為人體硬碟的靜香，馬上就想到前幾天教官上課時所提到的高壓氧適應症。

一、高壓氧治療：

是一種內科的治療，把病人置於比大氣壓高的壓力艙吸入純氧的一種治療方法。此種治療可在使用純氧來加壓的單人艙或使用壓縮空氣來加壓的多人艙內進行，病人在多人艙內必須使用口罩，頭套或氣管內插管來供給純氧吸入。

二、高壓氧適應症：

1.潛水夫病　2.急性氣體栓塞　3.急性一氧化碳中毒　4.急性氰化物中毒
5.特殊傷口癒合　6.壞死性軟組織感染　7.燒傷

三、高壓氧注意事項與禁忌

1.未經治療之氣胸　2.未經治療之惡性腫瘤

高壓氧艙

圖片取自國軍高雄總醫院左營分院潛水醫學部高壓氧中心
http://806.mnd.gov.tw/hbot/index.php?page=medical_04

「那麼，有沒有人要自願當先鋒勇者，進到我們高壓氧艙體驗看看呀！」技術員熱情的邀約同學們。

雖然是飽讀詩書，對於當「先鋒勇者」這件事，靜香還是有些卻步。

「來吧！靜香，我們一起進去！」晨信看到此般情景，自告奮勇地說了這句話，想當然爾，威恩也不會放過這次的機會，跟著晨信、靜香一起進到了高壓艙。

「跟三總的高壓艙看起來好像喔，等等，這個小的是甚麼，是高壓艙寶寶嗎？看起來好可愛唷！」走在高壓艙內，靜香興奮地看著這些神秘的設備，也發現了一個小小的高壓艙體。

「哈哈如果你要這麼說也沒錯唷，這個是我們高雄總醫院左營分院特有的子母艙，為的就是要讓潛水員們若在出任務的時候發生急性潛水夫病，可以先進到軍艦裡的小高壓艙體，在小高壓艙中進行高壓氧治療，轉送至醫院後再運用這個子母轉送體運送到大的高壓艙中繼續接受治療，這平常也是我們軍方重要的演訓任務之一唷。」經過技術員姊姊的詳細解說，大夥兒才對於高壓氧的治療以及在軍事訓練的應用方面有了更進一步的認識。

「好啦，說了這麼多，我們要開始準備加壓囉！各位潛水員，我們準備下降！」技術員姊姊這麼說著，威恩晨信與靜香一行人，可是既期待又怕受傷害，期待的是自己居然可以像是個潛水員一樣，在陸地上就先體會潛水的感受，但又害怕高壓的環境自己無法適應。

小辭典：
高壓氧治療可能會出現的症狀
1. 耳膜鼓脹、疼痛
2. 氧氣中毒：耳鳴、視覺障礙、抽筋

「各位潛水員不用擔心，我們會透過監視螢幕觀察各位的狀況。若有出現嚴重的身體不適，請舉手我們會讓你出來。」聽到技術員姊姊這麼說，才讓坐在高壓艙的同學們放了一點點心。「如果大家有出現耳鳴、耳痛的狀況，請各位潛水員捏住鼻子，閉上嘴巴，用力鼓氣或是吞口水。」在高壓艙內的感覺真的是度日如年，還好有技術員姊姊的溫柔提醒，才讓晨信的身體稍微舒服些，真是非常特別的體驗。

高壓氧艙體驗

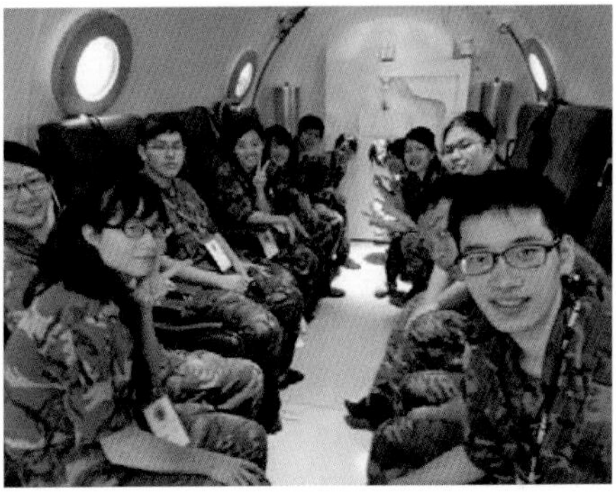

參觀完高壓氧的治療艙，威恩一行人跟著教官的腳步到了三樓，映入眼簾的是一個巨大的艙體。

「哇！這又是做甚麼的啊！看起來好像高壓鍋喔。」威恩不禁讚嘆著。

「這個是我們國軍，用來訓練水下作業大隊的重要基地喔！」

「水下作業大隊！」晨信在心中思忖著，記憶中好像在Discovery有看過這樣的專訪。「只有海底能夠阻止我們潛得更深！」心中浮現這麼一句話，晨信就這麼不知不覺地喊了出來。

「是的，只有海底能夠阻止我們國軍水下作業大隊潛得更深。」想得有些出神的晨信，著實被教官突然間的回應嚇了一跳。「但是，想要潛得更深，就要有更完善的訓練與準備，這個垂直的艙體，便是在訓練潛水員的水下逃生，也是潛水員訓練中最重要的一環喔。」看著這個曾經為國家培育無數人才的高壓艙，威恩一行人不禁肅然起敬。

潛水訓練艙

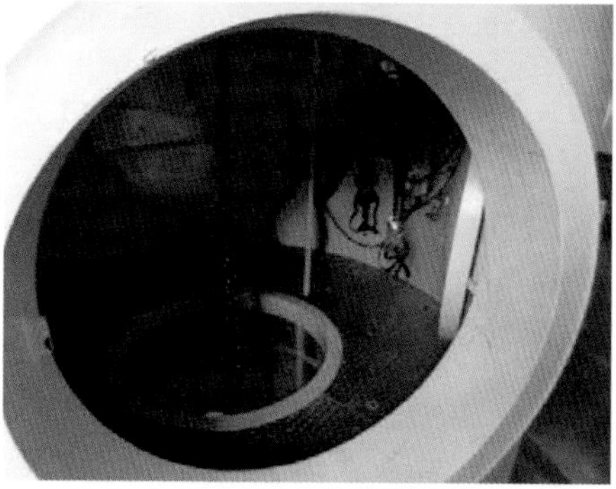

【左營軍區故事館】

時間飛也似的到了中午，頂著烈日，不甘願地離開充滿著有趣故事的高雄總醫院左營分院，威恩一行人來到了左營軍區故事館，遊覽車一開進左營軍區故事館，映入眼簾的便是一個巨大金黃的海錨。「海錨代表的是我海軍忠義軍風，以及『心如日月氣如虹海上振英風』的錨鍊精神。」晨信想起了去年暑假，曾經跟著「軍校生合唱團」在台灣北中南進行五場巡迴演出時，曾經聽過海軍官校的同學們這麼介紹過，不禁對於豎立的海錨有了一番敬畏之心。

走入軍區故事館，便看到「鎮海靖疆」四個大字，高高宣揚著我國海軍的軍威，「海軍代表國家，軍艦是領土的延伸。」印象中，曾聽過海軍的同學這麼說。高雄左營是海軍的大本營，齊聚最大的左營軍港、海軍艦隊

賀信恩 繪圖

指揮部、海軍陸戰隊指揮部和海軍軍官學校等，尤其有獨具眷村文化特色的二十多個眷村，形成相當完整的海軍軍事聚落。而在其他展區則展示左營區相關設施的模型和地標，並有海軍戰艦、補給艦和登陸艦等各式艦艇模型展品，令大家都是流連忘返。

「哇塞！好大的模型喔，上面的標示好清楚，不過這些地名我都沒聽過欸。」

「我也不知道，感覺像是以前的地名。」

「不管怎麼樣，這真的太酷了，等等，他的燈開始亮了，好像有什麼動畫真的太逼真了！」

其中最令人印象深刻的就是故事館一樓那最大的展廳，一座大型的沙盤模型。配合故事情境，一步一步引人入勝，帶領我們穿越時空身歷其境。

「海軍的爸爸，雖然看似嚴肅，但是對於孩子們的愛都是用倒的，因為常常一出海就是一年半載的，下一次見面，都不知道是甚麼時候了。」

左營軍區故事館合影留念

聽到影片中的旁白這麼說，靜香突然發現，距離自己上一次回家，也已經過了一個

多月。「等等回程，一定要打個電話跟家裡報平安。」靜香在心裡留下了這麼一個小註記。

傳承與展示海軍人的共同記憶、建軍的艱辛及驕傲，並紀念海軍與高雄左營的深厚淵源，左營軍區故事館，除了帶給他們許多的知識外，更傳承了海軍的精神與驕傲，懷著敬佩的心，威恩晨信向故事館行注目禮道別。

參考資料

http://www.snq.org.tw/chinese/03_service/02_detail.php?pdid=2213

迷彩大叔的叮嚀：

陳穎信醫師

一、海底醫學也是軍陣醫學領域中非常重要的一環。

二、潛水急症是緊急醫療的特殊項目，及時辨認、現場處置與高壓氧治療是成功關鍵。

三、體驗高壓氧艙及開放水域潛水（Open Water Diver）訓練對於了解潛水生理與壓力變化助益甚大，可提高海底醫學教育訓練品質。

教師回饋（一）

給國醫學弟妹的一封信

——寫在暑期軍陣醫學課程參訪前夕

親愛的國醫學弟學妹們：

大家好：

明天大家即將來到國軍高雄總醫院岡山分院航空生理訓練中心參訪，我的內心既興奮又激動。興奮的是這次參訪實現了我長久以來的心願：讓國醫的學生，有機會透過實際接觸來進一步認識與瞭解航空生理與醫學。

過去國防醫學院的學生雖然在校時有機會透過修軍陣醫學課程初步了解航空生理及醫學，但是畢業生中只有分發到空軍，及少部分陸軍與海軍醫務職缺的同學，才有機會到航空生理訓練中心接受航醫航護訓練時實際認識這個軍陣醫學的重要單位。

現在透過暑期軍陣醫學課程的參訪安排，大家能夠在進入臨床實習前就認識負責空勤人員訓練的航訓中心，以及海軍潛醫的重鎮左營醫院，這是具體彰顯了母校與其他民間醫學院教育的差別之處—軍陣醫學。

航空生理訓練的目的在讓空勤人員（尤其是飛行員）在飛行時克服低壓、缺氧、加速度、空間迷向、夜間視力下降的特殊環境，執行作戰任務，更能夠在需要彈射逃生時，順利生還。

明天透過分組進行輪替介紹的方式，配合互動問答及實際體驗，讓大家認識航訓中心這些昂貴且特別的設備，訓練的目的不難達成。讓我激動的是如何能夠在短短半天內，讓大家體認接受這些訓練的國軍空勤人員的辛苦與犧牲。

我僅舉幾個例子讓大家省思——

岡山分院附近的兆湘國小是以二十八歲就為國犧牲的飛行員王兆湘而命名，全國相同為紀念空軍英雄先烈而命名的空軍子弟學校有十三所，這些空軍先烈的年齡都與大家相近。

國醫優秀的校友陳秉鴻上尉，於民國一〇一年夜間執行漁船傷患後送任務，因飛機失事墜海殉職。近兩年內空軍殉職的飛行員雷虎小組莊倍源中校（三十七歲）；王勁鈞中校（三十二歲）與黃顯榮上尉（二十七歲）；高鼎程中校（三十一歲），都比各位大不了幾歲！

航空作家王立禎這麼形容他們的犧牲：「因為他們平日玩命，所以我們戰時保命」。邱吉爾對英國空軍的評價，引用來描述我們對我國空勤人員的感念依然貼切：「從來沒有這麼多人對這麼少人虧欠這麼深的恩情。」

親愛的國醫學弟學妹們，明天三小時的參訪，期望大家除了了解航空生理訓練外，對身為國醫人的價值有更深的體認。

最後我想以作家龍應台在紀念黑蝙蝠中隊的文章「一架飛機的殘骸」結尾時所引用甘乃迪的名言，為大家明天的參訪做個期許：「評斷一個國家的品格，不僅只要看它培養了什麼樣的人民，還要看它的人民選擇對什麼樣的人致敬，對什麼樣的人追懷。」

身為國醫人，我們的責任很重！我們的使命與民間醫學院畢業生大不同，照顧為國奉獻的軍人是我們的光榮，讓我們一起努力！

航空生理訓練中心主任
醫科八十三期學長
朱信

教師回饋（二）

王仁君 醫師
國防醫學院醫學系課程委員會軍陣醫學組
三軍總醫院急診醫學部

我很榮幸進入軍陣醫學組參與一〇五年度國防醫學院軍陣醫學的課程規劃與進行，今年的課程將軍陣醫學提升為一學分的課程，同時適逢教卓經費挹注，在課程規劃之初所有參與的老師都對本課程抱有很大的期望！

我在今年兩週的軍陣醫學課程中，有參與規劃與實際授課的部分有「高級救命術」、「災難醫學暨災難大量傷患演習」、「野外醫學」、「航太醫學」、「海底醫學」等課程。

「高級救命術」方面，基本的內科及外傷處置是急救的基礎，對於醫學院大三升大四已經具備了部分的醫學基本概念的學生來說，雖然不用在此時傳授完整的ACLS等概念，適當的急救技能對於學生的軍陣醫學的概念，或是對於其他醫學知識的學習，可以打下良好的基礎。

「災難醫學暨災難大量傷患演習」為軍陣醫學中相當重要的主題，除軍事上的必要性以外，現今國軍在各式天災大量傷患中亦扮演非常重要的角色。例如近年來發生的復航空難及八仙塵爆事件，三軍總醫院各科部團隊皆挺身而出治療最大量的緊急傷病患，可見大量傷患的處理能力在軍方醫院的特色及重要性。

但大量傷患畢竟不是時常發生的事件，對於大量傷患的演練，除了急重診相關科別以外，可能很多科的醫護同仁經驗也不多。此次課程讓學生能實際參與一次大量傷患的演練，有人扮演傷病患，有人扮演先遣救災人員，有人扮演後勤救護人員。學生在實際參與中對於大量傷患場景的忙碌一定印象深刻，雖然只是大三的學生，經過這一天的課堂授課以及實際戶外演練，對於大量傷患的概念，一定可以超越其他學校或是沒有相關訓練的醫院醫護人員。災難醫學以提升大量傷患處置能力才能持續成為國防醫學院與各級國軍醫院的特長。

「野外醫學」是我主要規劃的課程內容！軍陣醫學與野外醫學息息相關，不論是作戰還是救災任務，多數時候還是在野外環境甚至是高山、叢林的地形下進行。

野外醫學以三總急診部過去在高海拔地區的研究以及相關演訓成果的展示展開序幕。2012和2013年國防醫學院戰傷中心以及三總急診部都有在合歡山與台北榮總合作進行相關高海拔地區的醫學研究，亦有跟消防局特搜隊結合進行野外地區大量傷患、緊急醫療的演訓，成果斐然。今年雖然受限時間場地無法讓學生們也能實際於野外環境操演，相信透過去成果的展現，也能激起學生學習動機與興趣。

邀請金鐘獎導演麥覺明先生到院演講是野外醫學的重頭戲！麥導演過去十幾年深入台灣拍攝下來關於台灣山岳、動植物生態、歷史人文的珍貴鏡頭，有到場聆聽的觀眾一定大飽眼福。台灣有非常多美麗的自然景觀藏於深山之中，一般人不具有能力能到達台灣的心臟地帶，透過麥導演的分享，為軍陣醫學陽剛的課程架構之下，帶來一股暖流。

我們希望能讓國防醫學院的學生，除了具備軍陣醫學的硬底子之外，也能兼有對於自然人文敏銳觀察力的軟實力。野外醫學分組教學，我安排了毒蛇、中暑、野外求生、戶外裝備等課程。透過 hand-on 的方式，學生們可以親手摸到無毒蛇、可以參與中暑病患降溫的模擬演練、可以練習不靠打火機生火、可以辨識野外常見可食植物、可以了解帳篷如何搭設等。相信這也是國防醫學院特有的課程，我們的學生不只是在教室裡學習，離開了教室，依然可以在特殊的環境下保護自己，拯救同袍！

「航太醫學」與「海底醫學」是前往高雄總醫院岡山分院以及左營分醫院參訪。航太醫學和海底醫學，正是這兩家友院的特色項目，許多珍貴的設備跟訓練方式都是全國僅有的。

我本人過去畢業時有幸分發到海軍當航醫官，所以航空醫學跟左營分院都有機會去受訓參觀。但是絕大多數國防醫學院畢業的學生，念了七年卻並沒有機會了解認識這些軍陣醫學的特色，豈不可惜！

有幸在院部長官、醫學系軍陣醫學組、岡山航訓中心朱信副院長等各級長官的大力支持下，今年的學生可以全體前往參訪這些神秘的機關，瞭解我空軍飛行員與水底作業人員訓練的機構、原理、方法等。航太與海底醫學本就是國防醫學院的發展特色，這次與軍陣醫學的完美結合，相信所有的同學都一定覺得不虛此行！

感謝國防醫學院各位師長、同仁的支持與付出，順利完成這兩週的軍陣醫學課程。大家都是憑藉著一股熱情為母校、為教育付出一點小小的心力，第一次開設此課程，一定有地方未臻完美，希望來年還有機會繼續為國防醫學院的學生教育出一份心力，打造國防醫學院的特色與亮點！

教師回饋（二）

李佳錡 講師
國防醫學院護理學系教師

軍陣醫學實習課程，有歡笑，有汗水，更有一股使命感。
國醫人齊心寫下不朽的詩篇！

一百零五年陳穎信醫師在學校大力的支持下，統籌規劃的軍陣醫學實習課程，已於六月三日結束，這是一段創造歷史的日子。起初，看到陳醫師規劃兩週密集的課程表時，心中油然而生的是敬佩。後來，更為能參與在其中，感到與有榮焉。在我的年代，並沒有這樣的課程，當今的國防醫學院學生真是非常幸福。軍陣醫學實習課程不是老師發講義，坐在教室裡授課，而是讓學生能夠動手實作，實地演練，這樣的教學方式，不但讓學生覺得非常有趣，也對軍陣醫學知識更加深刻瞭解。

課程的最後兩天，我們不惜路途遙遠，南下高雄，參訪空軍官校航空教育館、航空生理訓練中心及海軍官校左營軍區故事館，期盼讓學生能透過實際參訪而有更深刻的學習。一行人，一百五十六名學生與九位師長，在天色未明之時，整裝待發，首站來到岡山的空軍官校航空教育館。岡山因政治與歷史因素，至今都是臺灣重要的空軍訓練基地，空軍官校也設立在此，因此形成岡山特有的空軍文化。展示館以教育、航太、科技、專業為宗旨，劃分出武器裝備區、抗戰時期區、發動機區、圖書文獻室、多媒體劇場、模擬機區等十一個主題展示區，展示空軍珍貴歷史文物及軍機。下午，來到國軍高雄總醫院岡山分院航空生理訓練中心。朱信副院長的簡報，從幾位羅難飛官的故事開始，聽他在台上述說當年飛官們英雄事蹟，以及朱信副院長自己身為國醫人在空軍領域的使命感，深深激盪著台下的學生和我。軍醫及軍護的角色任務，是使命更是榮譽。聽完簡報後，學生分組體驗國內唯一訓練三軍空勤人員高Ｇ耐力訓練的現代化設備，無論低壓艙、彈射椅、電動旋轉椅、夜視鏡訓練室、人體離心機、空間迷向訓練機，都讓我對空軍這樣的訓練環境震撼不已。更讓我領略專業優質的重量級訓練，才能塑造每一位英姿煥發的飛官，讓他們能展翅翱翔。

第二天我們來到海軍官校左營軍區故事館，館內處處可見退役軍艦實體設備。館內播放的艦隊出海紀錄片，讓我們一睹海軍官兵當年捍衛海疆的風光。故事館分九大展區，包括乙未割台、烽火歲月、美軍足跡、光復重建和創新啟航等，讓學生一覽海軍在動盪的四零及五零年代捍衛國家、保護人民的動人故事。最後，我們來到此行終站-高雄總醫院左營分院，參訪潛水醫學部高壓氧中心。學生分組參訪及體驗全國唯一用以訓練深海潛水人員的模擬深海潛水訓練艙，另外，也參訪具備子母艙結合的高壓氧治療艙。此艙能用軍艦上的減壓子艙，將傷員經由陸海空緊急後送至中心與治療母艙結合，以進行潛水伕病症救治。我們看到了左營分院，不只是肩負一般臨床醫療服務，同時更承接軍事訓練，支援國軍水下救援之醫療工作。無論在潛水醫學科、高壓氧中心及潛水訓練池，都讓我看見在四面環海、海洋活動極為興盛的台灣，海軍醫官扮演不可或缺的角色。

我們的暑假只有三週，因為我們需要付出比民間一般醫護學生更多的努力來學習，投資足夠的時間經營我們同時具備的「軍人」角色。十天的軍陣醫學實習課程，從早上八點到下午五點半，每一天紮實完整的課程，不單給了學生一個成為軍醫及軍護角色的清楚輪廓，更幫助每位學生清楚知道自己所需承擔的使命。本人很榮幸能夠擔任這次的軍陣醫學實習課程隨隊教師，讓我不但能學習陳穎信醫師恩威並施的領導風範，也被學生熱情參與的年輕氣息感染、感動。今年的夏天，很特別，很珍貴，也很難忘，更是一段會珍藏一輩子的故事。

航空海底醫學巡禮實錄

學生回饋（一）

軍陣醫學實習期末心得報告　M113 鄭博軒

前言：

古人云：「養兵千日，用在一時。」

軍陣醫學課程對於現在的台灣來說也是如此，現在人人過著安逸的生活但我們國軍官兵同仁不可鬆懈，需要隨時充實自己、學習新知、瞭解軍陣醫學，才不會走入需要時完全沒有概念的窘境。

在課程剛開始老師讓我們寫下了自己對這兩週課程的期許，當時我在最後面寫下：「希望自己能做到課前預習（瞭解講者相關資訊及主題）、課後複習（每日睡覺前記錄自己一天的心得）」我完成了自己的期許，也不枉費學校苦心安排這兩週精彩的課程了。

謝謝每一位為了學生們辛苦付出的長官、教官、助教及行政人員，也謝謝所有同學我們一起努力度過了這兩週每天八節知識爆炸的軍陣醫學課程。

每日心得：

105/5/23 高級救命術概論

早上因為月會的關係導致原本安排的課程時間縮減，覺得十分可惜。高級心臟救命術（ACLS）在先前我就已經買過書自己想搶先瞭解過了，但當時基礎知識不夠，很多機制及處置都是硬背不甚瞭解。而到了大三升大四的今天，雖然依舊沒有完全弄懂，但透過老師們六節課的介紹我有了更進一步的了解。

早上兩節由穎信主任解說高品質CPR及一點點的ACLS，用力壓（每次深度5~6公分）、快快壓（每分鐘100~120下）、胸回彈（等胸部回彈再進行下一次按壓）、莫中斷（胸部按壓勿中斷超過10秒鐘）是老師早上教的高品質CPR小口訣，也是早上考試的題目。

但在考試時因為一時混淆而自己加了一點進階呼吸道建立的部分上去，考完之後十分後悔，也因此對此印象更加深刻。

下午分成四關跑關進行模擬醫學演練，但急診外傷訓練及高級毒物救命術兩站可能因為早上月會的關係沒有講解到而壓縮了實地操作的時間。

在急診外傷訓練中主要是教導我們處理張力性氣胸，也介紹了初步評估A（呼吸道暢通，固定頸椎）B（維持呼吸及換氣功能）C（維持循環及控制出血）D（評估意識）E（露身檢查及環境控制避免失溫）及次級評估。

張力性氣胸的部分有幾點特點老師特別介紹，常見的原因是肋骨斷掉刺到肺造成呼吸減弱、頸靜脈鼓張及氣管偏移。

高級毒物救命術訓練中提到大部分的中毒無解毒劑，要用非特異療法如除汙、洗胃（藥還是固態未被吸收前 1~2 小時內）、活性碳（灌進腸胃道、吸附毒物），而特異性療法所指的就是使用相對應解毒劑的意思。

在穎信主任指導的高級心臟救命術演練中，每十個人一組輪流上台拯救病人，其中一個人要當指揮者，這才知道一個完美的急救過程是需要多少溝通及默契，我們在台上幾乎是做得手忙腳亂還出包連連。

充實的第一天很快的就過了，這些模擬演練及課程讓我對 ACLS 等急救術有了更深刻的了解。

105/5/24 災難醫學

今天早上由台大醫院的石富元醫師為我們介紹災難醫學概論及大量傷患事件指揮系統。

在進行課程的前一天晚上我在網路上 Google 了講師的相關資料，發現他是目前防災應變的專家，有多篇新聞及訪問，在一一過目之後對於老師的背景及想法有了初步的了解，抱著期待的心到了今天早上。

在課程的一開始老師說明了台灣目前災難應變的困境，在救災的時候由軍人去救，而軍隊的指揮系統屬於 ICS（Incident Command System）運作。另一方面消防隊屬於模仿日本的系統，兩者不能整合對於小災難可以有效救援，但是當遇到大災難的時候就會出問題。

在短暫的前言之後老師進入了這次課程的主題。要了解災難醫學就得先從他的歷史面來看，老師提到了最早有EMS（Emergency Medical Services）的是救護車的發明者多明尼克·桑·拉雷（Dominique Jean Larrey）。他是拿破崙底下的軍醫，因為拿破崙對軍醫隊伍的限制是要離戰場有一段距離，也就是說在戰爭停止前都無法救治傷患，於是拉雷就想出了馬車運送接受過初步護理的士兵回來的構想，這也是第一次有專門車輛做為救護車的紀錄。

之後法國爭戰到埃及的時候就換駱駝，到其他地方就換成適合的馱獸，真的是一個很聰明的做法。在之後的克里米亞戰爭醫療及護理制度在這場戰爭中有了革命性的進步，南丁格爾也是此役中現在老弱婦孺皆知的知名護士。

在簡單介紹了災難醫學的進展後，老師說明了簡單的災難醫學的概念，災難醫學就是災難管理加上醫學，要用最少的資源及時間爭取傷病患的最大存活。

其中令我印象深刻的是老師提到了生命探測儀的功能性沒有我們一般人想像中的大，在新聞上常常聽到地震後用生命探測儀在搜尋生命跡象。但評價仍有爭議，因為那是利用聲波的原理搜尋，但在搜尋過程中不可能叫大家全部都安靜來使用。

因此老師認為搜救犬的功能性較強，在美國搜救犬的品種是拉布拉多，因為其性情溫和且遇到突然的巨大聲響不會被嚇到。

接著老師為我們介紹了大量傷患（Mass Casualty Incidents）的基本概念，目前台灣定義大量傷患是用人數來定義，單一事件傷患人數達到十五人以上就算是。但如果只有考慮到人數其實常會造成認知上的落差，像是老師舉例 個人食物中毒就是很簡單的處理，但卻算是大量傷患。而如果毒物處理廠爆炸，六個人身上可能有毒物汙染處理非常麻煩，卻因為人數的問題不算？

老師覺得大量傷患應該是災害的後果而不是原因。大量傷患的處置流程基本上是「事故→傷患集結→急診室→確認醫療」，但有時因應暫時的情況可以有所改變。

上完老師兩節課後覺得收穫滿滿，課後我追著老師出去問老師一些問題，如：使用 ICS 國內與美國的差異及軍隊在災難中所扮演的角色？老師回答 ICS 無法配合是因為台灣學的是日本，各單位各司其職而無法整合，造成無法達成最好的成效。非常感謝學校安排早上的課程，在石富元醫師介紹後，我對於災難醫學有了更進一步的認識。

105/5/25 繩結與垂降

今天一整天我們學校請到了新北市特搜隊來教大家繩結的打法及垂降的技巧，一早看到他們就覺得每個都又高又壯，身材明顯比一般人壯碩許多。

早上的時候我們是被分到學習繩結的組別，學了撐人結、蝴蝶結、接繩結、纏身結、栓馬結、收繩結，原以為繩結的課程會很無趣，沒想到新北市特搜隊的大哥幽默又風趣，把他們隊中發生好笑的事情穿插在我們學習繩結的過程之中，還不時會說出一些冷笑話，讓整個學習繩結的氣氛不會枯燥乏味。

下午的垂降課程更是令我敬佩，早上已經曬了一整個早上的新北市特搜大哥們完全看不出來有疲憊的樣子，依然讓我們一個一個安全的垂降，這是我生平第一次垂降。

從底下看學校的網球場看起來不高，沒想到當我站到上面要進行第一次垂降時覺得「天啊！兩層樓怎麼這麼高！嚇死人啦！」兩隻手都在發抖，還好有細心教導的大哥在一旁安撫我的情緒，我才成功安全順利地完成人生第一次垂降，下來的時候還頗有成就感。

在夏日的午後大家垂降完後很多都躲到樹蔭底下休息，但新北特搜的大哥依然在場上屹立不搖。在第二輪的垂降大哥還教我們要怎麼用跳得下去，我在原地練習跳躍了許久終於抓到訣竅，在第二次垂降的時候成功地順順利利的跳下來，比起第一次害怕的感覺變少了，成就感變多。

非常感謝新北特搜的大哥今天一整天的陪伴，聽大哥說之前這個課程好像有四天可以到處垂降，還可以學習不一樣的姿勢下降，聽起來非常有趣。

很可惜的是這次課程上的安排似乎只有安排我們一天學習這個部分，大哥說如果有興趣外面有開很多這方面的課程，我想未來有空的時候我會想去做不一樣的嘗試，謝謝學校安排這麼有趣精實的一天的課程，也謝謝新北特搜隊十六個人一整天辛苦的教導！

105/5/26 戰術醫療

今天的戰術醫療課程非常有趣，首先早上第一節課由教官介紹了台灣軍警戰術發展協會（TTRDA）。這是在去年成立內容包含戰術醫療的新協會。

之後簡介戰術醫療（TCCC）前兩個階段，然後看了一個令我非常震撼的影片，就是一位戰場上軍人踩到了「人員殺傷雷」，造成他的左腳被炸斷、左手沒反應且滿臉是血的情況，在受傷的當下他接受了旁邊軍官兄弟的醫療支援，很明顯的看出來旁邊的軍人也受過專業的緊急醫療救護訓練，也因此救回他一命。

在受傷分秒必爭的情況下，根本沒有時間可以等到後方的醫療人員前來支援，因此每一位軍人需要學會基本的醫療技能是一件非常重要的事情。

第二節課到了中庭學習以色列近身防衛術。其中以色列近身防衛教練是台灣僅有三位從以色列受訓合格的教練中的一位，身材看起來相當結實。教導我們基本的出拳及踢腳，之後還玩了一個小遊戲，三人一組其中一個人拿塑膠玩具刀要砍殺另外兩個人，而另外兩個人要嘗試從他手中奪刀。

這個遊戲玩完之後教練告訴我們要認清現實，現實不會像電影裡面想要空手奪白刃這麼簡單。看到持刀的人通常是跑為第一優先，因為徒手對付他沒有勝算。而武器的學習學了手槍的握法及步槍的立、跪、臥三種射擊姿勢。

第三節課回到了教室進行止血帶的使用教學，一開始拿到止血帶的時候完全不知道怎麼使用，只看著上面寫著 D41 林清亮教官贈就覺得發明這種東西好酷喔。但當我學會了它以後，真的覺得教官很聰明，怎麼會發明這麼方便的東西，喀哩喀哩就會變緊！而另一個旋轉式的止血帶就相對沒有這麼有趣。

彈性繃帶的設計及專利也是令我嘆為觀止，除了可以想到把衛生棉附在彈性繃帶上面用來止血外，上面那個塑膠桿也確實省了很多原本是用鐵夾的麻煩。難過的是，清亮教官說他今年要退伍了，很感謝他一年來的教導，希望未來還有緣再相見。

下午的課感覺很像大地遊戲的跑關，時間非常的緊湊，首先我們到了學餐自動門外面進行了BB彈的射擊競賽。這是我第一次使用BB槍，是一個難忘又特別的體驗。

接著到了一樓鋼琴旁邊學習城鎮戰的走位，經過了這關才充分了解到一個團隊的運作有多麼的需要練習及默契。在控制一整個樓層前要先控制每一條走廊及房間，而控制的方式千千百百種，但每一種都跟團隊之間的溝通脫不了關係。只要溝通不良，戰場上子彈不會留情，每一個錯誤都有可能會造成巨大的人員傷亡。也因此各個特種部隊對於這些情境會不斷的進行沙盤推演。

第三關到了傷患搬運，模擬了在戰場上的敵火攻擊下的情況要去救援自己的同伴，首先要先控制住場面再將同伴脫離戰場，我們四個人光是把一個人抬上二樓就覺得非常吃力了，很難想像真實情況可能在有敵火攻擊的壓力下，兩個人就要抬一個人到很遠的地方是多麼需要體力。

最後又來到了早上來過的以色列防衛術，教練教了兩招自我防衛的技能希望我們可以用肌肉記憶的方式學起來，然後還教了當遇到持刀者時的逃脫方式。

一整天戰術醫療的課程非常緊湊有趣，一整天下來可以說是非常的疲勞，但是又興致高昂，希望在未來還有機會接觸這些課程並且精進自己在各方面的技術。

105/5/27 高山症與麥覺明導演演講

麥覺明導演同時身兼製作人、節目主持人，歷年來拍攝MIT台灣誌而聞名，連司徒院長也是他長年來粉絲之一。

今天早上麥導將近三個小時的演講實在非常精彩，導演自己帶了自己的投影機及特別的器材充分展現其拍攝的專業。

首先導演跟我們介紹了海拔高到低大致上會看到哪些代表性的植物，海拔高到低依序會看到的順序為：玉山圓柏、台灣冷杉、鐵杉、紅檜、樟樹、筆筒樹（又稱蛇木，蕨類）。其中導演說到神木的故事，為什麼有些紅檜可以成為神木？導演說因為那些紅檜是當時不成材的，所以被保留了下來，所以人不一定要非常優秀才可以存活下來，這是個很有趣的推論。

接著可愛的山椒魚照片就出現了，台灣有五種山椒魚，都是特有種。導演有秀出阿里山山椒魚、觀霧山椒魚的照片，並提到南湖山椒魚是體型最大的山椒魚。而他們是怎麼來到台灣的呢？當冰河時期到來時他們就往南跑，來到台灣，冰河時期退了以後，生物開始爬山，山椒魚現在都在兩三千公尺高，因此他們稱為冰河孑遺動物。

有人問導演台灣這麼小小一個島為什麼可以拍出這麼這麼多集的台灣誌，演了十年還在播？導演舉了合歡山的例子告訴我們，一個地點有很多很多歷史背景及主題可以拍攝，一座山在不同季節會有不一樣的景象，合歡山星空、杜鵑、特戰部隊雪訓。通往合歡山的台十四甲，最高的公路，由軍隊開墾出補給線之一也很有故事性。台七甲，另一條補給線，又是另一個故事。而從歷史面來看，日本人開過合歡越嶺道，其中四、五公里設一個派出所管理原住民，這又可以牽到太魯閣戰爭，由佐久間左馬太帶領日本人大戰太魯閣族。光是一個合歡山就可以有這麼多主題，可以說台灣雖小但是故事性無窮，相信只要導演想拍，MIT台灣誌可以一直拍下去。之後一半的時間導演都在說中央山脈大縱走的故事，看了這些影像記錄我才知道高山的美，而要親眼見識到這些美是需要付出代價，甚至是要冒著生命危險去換來的。

導演剪來的影片中有好幾段都令我非常震撼，像是死亡稜線，真的是名不虛傳，那看起來根本不是一條正常人會想要拿來走的路！還有在山上遇到的狂風暴雨，在那種情況下根本連前面離不到一公尺的人說的話都聽不清楚了吧，旁白還很逗趣的說，希望讓那些在颱風天說他們快要站不穩的記者來體驗一下這種情況。

過程中他們也有休息的時候，雖然他們團隊會因此付出更多的費用，但休息是為了走更長遠的路。最後畫面錄到很多很多可愛的水鹿在山上吃草，這個畫面看起來非常平靜，導演還說水鹿看到人在尿尿會湊到旁邊看，等人走掉會去舔那些尿，可能是要補充鹽分吧！

在中央山脈大縱走的片段我們可以看到的是路途上的險惡及登上頂峰的成就感，但其實前置作業的準備也是非常重要且要花很多時間的，像是補給要規劃，因為不能一次就帶八十天所需的物資上山，所以要預估到第幾天的時候和其他登山部隊會合並領取物資，電池攜帶也非常重要因為要全程拍照錄影，行前的體能訓練也是不可或缺，還有高山症要攜帶的藥物也要清點。聽完導演的分享真的覺得登山者非常厲害，希望未來有一天也能挑戰自我去攀登幾座台灣百岳！

105/5/30 創傷傷口與骨折處置

今天算是比較輕鬆的課程，早上第一節課由曾元生醫師來教我們縫合，老師上課幽默風趣，一節課竟然一眨眼就結束了，非常期待未來還會上到老師的課程！

之後就轉到小教室進行縫合的實際操作，在道具上面縫合感覺非常輕鬆，對於簡單不連續縫合法（Simple Interrupted Suture）有一種非常熟悉的感覺。因為最近大體實驗課才剛剛結束，最後一節課就是要由全部的組員合力把大體老師縫好，而使用的縫法正是這個，也因此早上就輕鬆地度過了。除了寫一份考卷以外的時間都在看 ACLS 精華。

下午的實際操作分成四關，每一關都非常有趣。一開始到了下肢石膏關，由鄭國中學長教導我們如何在腳踝打出漂亮的石膏，這是我第一次親手打石膏在別人腳上，打出來看起來非常漂亮好有成就感（應該是因為老師教的好吧！）。

接著到了下一關介紹葉克膜，葉克膜是先前常常上新聞的一個熱門器材，不過經過了這次的介紹之後我才對他有深入的了解。

到了下一關是整台葉克膜的實體讓我們觀看及發問，這兩關都讓我對葉克膜有了更進一步的了解。最後一關是上肢的石膏，因為一開始已經打過下肢的石膏了，因此這關相對的順手了許多，輕鬆的結束了這個下午。今天的課程可以說是輕鬆但是又非常有收穫呢！

105/5/31 輻傷防治與生物防護

今天早上由鴻遠教官為我們上兩節的輻傷傷害防治，他提到一年正常人可以接受的輻射量是五十毫西弗，而一週大於一西弗就算是急性輻射症候群了。其實輻射傷害這個議題在台灣似乎一直被冷落，因為台灣目前還沒有發生過什麼輻射傷害的問題。反觀日本，在 2011 年三月發生大地震之後引起的輻島核災對於他們影響甚遠，所造成的傷害不只留在當年三月。

核災究竟對環境、人類造成哪些具體的影響，需要長期觀察。我曾看過期刊上很多的日本的研究這些現象，例如：蝴蝶基因突變的速率增加，遺傳的子代出現畸形的比率也上升了，由此可見輻災對其影響深遠。

台灣方面，依照教官的說法，除了原能會將醫院分成三級之外就沒有其他作為了。而且被分到的醫院有些甚至沒有負責人，也不知道他們醫院是要負責核傷治療的。教官就曾打電話到一所南部的醫院詢問他們醫院負責處理核傷的負責人，醫院卻是一問三不知。教官也說，即便知道自己是原能會列入的核傷治療醫院，也有些醫院根本不理會。

三四節課的教官介紹生物防護裝備，各式各樣的裝備在下午都由我們親手接觸親自穿上，除此之外還有採樣套組的介紹及讓我們親自體驗大面積、小面積的採樣，結束之後到了教室外面進行空氣採樣設備的操作，感覺像在玩電流急急棒。

最後是到急診部旁邊的輻傷中心實地參訪，這個地方在去年八月份的時候我就來看過一次了，當時是醫院見習我被分到了急診室，每天八點就到五點才能走，當時的總醫師賴冠程學長就帶我參訪過輻傷中心，也做過一次很詳細的介紹，因此我對這裡一點都不陌生。今天課程又是一個好玩有趣的一天，軍訓課程也即將進入尾聲，希望期末考能輕鬆 PASS！

105/6/1 航太海底醫學

今天的課程順序似乎有點小調整，不過並不影響大家學習的興致。朱信教官的部分在一年級的時候似乎有聽過一次相關的演講，空中醫療後送的議題對於國軍來說一直是非常重要的。

經過教官今天的介紹我才知道 EC-225 及 S-70C 為我國主要進行空中後送的機種，後送的體系及命令的傳遞十分複雜，每一次救援都是要透過縝密的思考後才會出動。

海底醫學的部分由黃坤崙教官教導，教官放的每一部影片都相當令我震撼，尤其是有一個要挑戰世界紀錄卻不幸死亡全程錄影的影片。

當傷患上船旁邊的醫師竟然說他是牙醫師他什麼都不會，我想這也就是我們學校與其他醫學院不一樣的地方了吧，不論是牙醫系、護理系、醫學系我們都有修過這次一學分軍陣醫學！如果好好學習絕對收穫良多。

下午請到空軍救護隊的大哥們來為我們上有趣的實作課，首先是將傷患搬上直升機，光是四個人抬就已經覺得非常吃力，沒想到他們說這大部不變時候是兩個人就要抬的，不論傷患多重都要抬起。還有介紹他們的各種器材，還打開了營養口糧配上裡面的肉燥給我們吃，味道算是普普通通，不過相信在人命關天的時候這也算是人間美味了啦！

我們還有實地操作了高山症會用到的攜帶型加壓袋，這個應該在高山症的使用才會特別有感覺吧，在教室內使用也算是個特別的體驗。結束今天的課程，期待接下來兩天的校外教學！

105/6/2 參訪心得

一早四點十五分的廣播全員起床，整裝蓄勢待發準備前往岡山進行參訪！早上就在穎信主任的歌聲及葉問三的播放下來到了航空生理訓練中心。

一開始朱信副院長先跟我們進行小小的簡介，其中我印象深刻的是學長提到的國防部微電影「謝謝你我沒事」，以已殉職的雷虎小組成員莊倍源中校為故事背景，傳達軍人捍衛國家理念。我晚上回到國軍英雄館之後特別看了這部微電影及他的相關新聞，真的非常非常感人。

之後我們一共區分成六組，分別參觀低壓艙、人體離心機、彈射椅、電動旋轉椅、夜視鏡訓練室及空間迷向訓練機，每一樣的訓練器材都是針對人體在飛行時會遇到的困境所設計。

我們一開始來到了電動旋轉椅，他是針對動暈症所設計的一張旋轉椅，動暈症是一種平衡系統受到干擾或失調而產生的症狀，經常發生在搭乘交通工具時，也就是我們常說的暈車、暈船、暈機，常見的動暈症症狀包括：腸胃不適、噁心反胃、嘔吐、眩暈、面色蒼白及冒冷汗等。容易產生動暈症的飛行員可以透過電動旋轉椅的訓練來減敏治療。

第二站來到了夜視鏡的訓練室，我這才知道夜視鏡原來不是我們想像的只要戴上就什麼都看得一清二楚，他還有很多限制。我們也親身體驗了使用夜視鏡的感覺，真的很酷！

接著到了低壓艙，在高空缺氧時會使人產生失能的狀態，而在失能前會產生的症狀每個人都不一樣。這個艙就是讓大家知道自己在缺氧時會產生什麼感覺，在未來飛行的時候若遇到這種狀況就要趕快帶上氧氣面罩以防萬一，看了影片才知道缺氧的可怕，會讓一個飛行員連小孩子玩的玩具都不會玩。

人體離心機顧名思義是要就是藉由離心力對飛行員產生從頭到腳的G力，這種G力過大的時候會產生G力昏迷，必須要透過離心機的訓練，才能讓飛行員在不上飛機的情況下練習在航空器上遇到時腦部不缺血。這台機器在外觀看起來就像是一台大型的遊樂設施。

空間迷向訓練機是與中央科學研究院合作設計出來的。當平衡系統三半規管以一固定的速度刺激，一段時間會麻痺導致飛行員不知道自己飛機目前的飛行姿態，因此飛行員一定要養成相信儀表板的習慣。

最後是彈射椅，原本以為在飛機上彈射出去是一件安全可以安穩保命的方式，但聽了講解才知道其實風險也很多，可能造成頸部的受傷或脊椎受傷，還有很多姿勢要注意。上午的行程就匆匆的在大家的開心大合照中畫下了一個句點。

下午參觀在空軍官校裡面的航空教育館，裡面放了各式各樣的飛機、炸彈，每一架飛機都有自已的故事，透過解說員的詳細解說，原本對戰鬥機完全沒概念的我有點心動了起來，原來飛官在捍衛國家的時候發生了那麼多的故事。

參觀完航空教育館我們到了原本要看轉機作業的機棚，剛好當時正在進行空官的閱兵，因此我們取消了原本轉機作業的行程轉而欣賞他們的閱兵。我發現他們真的非常勇猛頑強，在完全無遮蔽的情況下在太陽底下曝曬了整個下午，還是非常有活力，動作也非常整齊，其精神與體力實在令人敬佩。下午就在炎熱的空官閱兵畫下了句點。

晚上到了高雄國軍英雄館休息，原本以為會很舊很普通的，到了之後有點令我意外，房間很新很大除了床有點硬以外其他真的都不錯，但後來聽說我們有同學打地鋪我想我已經很幸福了。軍陣醫學的期末考就在我們在黃鶴樓用完餐之後考完了，有一種解脫的感覺，帶著一顆期待隔天行程的心大家回到了寢室休息等待隔天精采行程的到來。

105/6/3 參訪心得

早上在國軍英雄館用完不錯吃的自助餐後前往了左營分院參觀。課程依舊是以軍陣醫學為主，看了高壓氧艙及深水訓練艙。高壓氧艙的部分感覺比三總的大型一點，主要是他還可以多一個外接的艙室感覺很厲害。而訓練艙在先前的課程就看過相關的影片，與想像中的實體差異不大。在左營分院中我們充分感受到了當地醫護人員的熱情，很多同學討論後一致認同南部人真的比較熱情。

原本預計要看左營軍區的海軍艦艇，但因為蔡英文總統要視導，所以下一個行程改成去看左營軍區故事館，感覺非常可惜。我看原訂的行程原本是可以和派里級及拉法葉級巡防艦拍照，真的可惜可惜。不過海軍故事館也算是十分有趣，那個微電影搭配著前面的模型竟然會動。看著海軍官兵家屬的一天感覺有點心酸，為了維護台灣的安全而犧牲與家人相處時間的所有官兵同仁都是令人敬佩的！

二樓的各種介紹完全電子化透過平板跟我們實地互動，聽到陳穎信主任說我們的軍陣醫學應該也要建立一個這樣子的館，來管理現有的資源及方便跟大家介紹，我非常樂觀其成呢！第二天的參訪只有上午有行程，下午就開始返程了，一路上一直狂睡到內湖，真是充實又疲勞的兩天。

總結：

軍陣醫學的議題包羅萬象，從航空生理到海底醫學，從前線急救到傷患後送，在短短兩週裡面相信學校已經做了最用心的安排，希望我們可以在兩週內對於各個主題有基本的知識及概念。

很多很多事情都是這樣，這輩子可能就只有這麼一次，錯過就再也不會看到了，兩週的課程就在大家依依不捨的情緒中結束。回想兩週來自己學到了什麼，好像很多，但瞭解的越多就有越多的未知，就更覺得自己的渺小。很多的問題到目前還是懸而未解，也有賴我們新世代的軍醫們去探討及研究。

期許所有人有朝一日都能解決自己心中的所有疑惑，也謝謝為我們課程努力的所有人，這兩週對很多人來說有很大的啟發，也有很多的想法，相信這些希望種子在未來都會開花結果。

學生回饋（二）

軍陣醫學實習期末心得報告

國防醫學院護理研究所碩一　陳冠戎

另類軍訓

剛結束大量報告，疲勞轟炸的碩一課程，迎接我們的，不是快樂空閒的暑假，而是在正式暑假前，軍費護理碩班生及大學部醫學、牙醫、護理學弟妹們，都會參與一項為期兩週的「暑期軍陣醫學訓練」。其目的在增進學員對於戰傷醫療處置、病患前接後送、大量傷患處置流程等眾多科目的知能、技能，讓尚在學校的未來軍醫人員，了解第一線救難人員的工作職責，也希望能培育學生未來勝任軍陣及災難護理領導才能。

對於一開始走臨床就選擇急診科別的我而言，因過去工作職掌的緣故，大量傷患、輻化災害應變、空中病患後送等等相關的訓練，已不陌生，要說其為我碩班最期待的一門課程之一，也不為過。

此次的課程內容安排相當充實且多元，講師陣容的實力也相當堅強，橫跨臨床醫師、台灣高山及災難醫學專家、新北市特搜隊、中華民國搜救總隊、核生化災應變專家等，透過不同領域的專家學者的經驗來學習，是最紮實的學習歷程；甚至連台灣高山紀錄片導演麥覺明都上陣，帶我們從不同的視角、不同的感官經驗來品嘗這塊寶島的瑰麗。

開訓第一天，從急診外傷訓練課程開始。對於臨床已有多年工作經驗的我們，因為在職訓練的需求，對於這門科目已駕輕就熟，但學員中大部分組成還是未有臨床經驗的大學部學生，提前讓他們對於臨床可能面臨的緊急狀態及處置有初步的概念及技術操作經驗，相信對於其未來的行醫生涯有莫大的助益。

第二天的課程是大量傷患的演練，主要是親身參與大量傷患的救災演練過程，來提升學員們對於面臨此災害處變不驚的能力，蔡宜達教官甚至還仿照戰鬥課目訓練，製作戰鬥圖板方便同學們瞭解各組間工作內容及定位。在實際演習過程中有發現，縱使可能在教室中進行任務提示時，部分同學似乎對此演習不是那麼樂意、積極，但到了實際演練時，其拚勁卻不輸任何一個正式演練的官兵弟兄，且當指揮官決定再進行第二次任務操演，同學們毫無反對聲浪，積極且相當有默契地退回待命位置，討論剛剛營救、搬運、檢傷等演練過程中的種種，相較以往醫院內演練時的嚴肅、沉著的氛圍，此寓教於樂的演練方式，的確更適合課堂上的操作，此從同學們課程訓練照片中的笑容就可看出，絕對是一次難得的經驗。

接著上場的科目是由新北市特搜隊主責的繩結及垂降技能。以往從學長姐們的照片中，最令同學們嚮往的就是此課程。每每從電視新聞中看到救災救難的新聞片段，對於搶救任務身先士卒的第一線救難人員，都無法體會其過程的辛苦面，可能被特效電影洗腦太久，覺得攀爬、垂降、綁繩結什麼的，只是小技巧，等到自己實地操作了，面對六公尺左右高度的垂降牆，那種害怕、焦慮、徬徨的感觸，才更顯真實，在自己雙腳尚未踏穩於地面之前，那樣複雜的情緒一直揮之不去，若無親身體驗，真的很難去描述那樣的心路歷程，也因此更能讓我們對於搜救人員的工作有更深一層的認識。

戰鬥醫療救護訓練也是相當有趣的一門科目。因之前就有在臨床工作期間，就參與過戰術醫學相關研究經驗，曾於國軍耗資三億打造的模擬城巷戰攻擊指揮基地受訓過，對於槍枝運用、病患接送、傷情緊急處置等作為，並非全然無知，同學們對於外聘教官的防身術、武器運用、目標攻堅等深入淺出的教學模式，也相當有興趣，還有相當多同學利用休息時間緊跟著教官們請教對於戰術醫療相關的經驗、知識及技術，完全撩起同學們對於課程求知的欲望，是一次相當難能可貴的體驗。

第一週課程的壓軸好戲，就從麥覺明導演鏡頭下的台灣山脈之美開始。我對於台灣予以福爾摩沙之美名有強烈的認同感，台灣壯闊高聳的山脈林立、視野開闊湛藍的太平洋景觀及山川河流曲幽的曼妙，那一幕一幕的豔麗，唯有親眼目睹方能體會。但我一直都不是登山的喜好者，雖嚮往那樣寬闊的美景，卻無法親眼見到其山川壯麗，進而挑戰百岳。但多虧了科技的進步及前人的努力，麥導一行團隊扛著上看百公斤的器材，憑藉著對台灣山林熱愛的信念，就這樣踏上征服的道路，言語無法描述這些旅途有多驚險、有多艱難，身為導演的使命感，只是想用自己身體所及之力，努力使他人也能體會倘徉在山林間的感動，透過鏡頭的捕捉及帶動，深深對於麥導一行人努力想傳達給觀眾的每一個山林風貌感動萬分，也謝謝這群不畏艱困，誓將台灣最美一面呈現於世人前的無名英雄們，致上崇高的敬意。

透過週末短暫的休憩，第二週課程越是精彩。我於臨床工作四年有餘，看過傷口縫合不下百次，但因身分角色不同，一直都是處於輔助者的姿態。第二週的第一天上午課程，便從傷口認識及縫合技術開始，幽默風趣的整形外科主治醫師親手操刀，一線一剪便能將看似無規則的傷口，縫合得相當精緻，醫療乃是一門藝術，不過如此。教官示範看似簡單，台下每一位同學都躍躍欲試，等到自己親自上陣，才發現，不管在持針的技巧，穿線的靈活及對於下針處的判斷，處處都是學問，正所謂台上一分鐘，台下十年功，別說是想達到教官的境界，可能面對病患對於醫者的期待及傷口的多樣性，在臨床要好好的縫一個傷口，都要付出不少的努力才行。

接著當天下午的課程是體驗骨折的包紮、石膏的固定以及葉克膜操作的概論。石膏其實算是蠻常見的一種醫療處置行為，其重點在於協助患肢有穩定的支撐及穩定，有醫療相關知識的同學，要去理解其原理及操作並不難，但是如果要兼顧效果、舒適及美觀，那就如同縫合技巧一樣，非一蹴可及的了。葉克膜其學名為體外膜氧合系統，其於台灣知名度大開，是在多年前台中市長夫人的一場車禍意外所起，但其效果似乎被普遍大眾過於放大，醫療畢竟非仙術神藥，都有其適應症，透過課程教官的講解及操作，才明白這一台小小的機器究竟能為緊急的病患提供何種支持及效用，也讓自己對於這看似萬能的機器，有了更進一步的認識。

第二週第二天的課程主要是傳染性疾病茲卡病毒的介紹及輻化災裝備的操作。因自己在臨床每年度都會接受傳染性疾病的預防課程、輻化災相關演練等洗禮，所以自己對於相關裝備的操作有基礎的認知，但這次教官帶來難得一見的化學A級防護裝備，實際操作才能體會那舉步維艱以及精密動作操作上的不便。我實際著裝後發現，其實這樣動作上的不便，帶給著裝者的不舒適，並不是最主要的壓力源，而真正的壓力，來自於當需要出動A級防護裝備進入熱區，可想而知此區域的污染等級，操作人員必須背著如此厚重的工具，一步步踏入避之唯恐不及的危險領域，那種心靈層面對於自己可能暴露在有害物質環境下的擔心、害怕，才是最嚇人的。課程後自己最大的感觸在於我認為演練的目的在防範於未然，希望永遠自己只要體驗這樣的相關課程，而不要真的派上用場。

接著登場課程是空中救護相關技能操作，此課程也是同學們非常嚮往的課程之一，因為今天的教官們，都是遠從嘉義455聯隊帶隊北上的飛行教官及救護士官們。台灣國軍主要兩大救護直升機為S-70C海鷗直升機及EC-225救護直升機，兩種機種的教官此次都有來參與教學。教官們著飛行服看著就是一種專業的認證，其也精心準備相當多豐富的課程內容及多項的裝備，給了同學們可能此生只有一次機會接觸到的空中救護裝備展示及操作，同學們莫不興奮且專注。多虧陳穎信主任爭取及建造的S-70C海鷗直升機模擬機艙，可以讓學員實際模擬直升機接近，協助病患上擔架然後上到飛行器，是一次難得的體驗。而我於日前有幸能參與到空軍455聯隊實地演訓的中級空中醫療救護專業人員訓練課程，實際體驗有直升機於自己頭頂盤旋及其所帶來的下旋氣流，那樣的震撼感可能必須要親身參與才能體會，若之後有相關課程，自己一定會再一次的參訓。

最後兩天的課程，是國防醫學院暑期軍陣醫學開課以來破天荒的壯舉，直接將所有學生帶往海、空軍官校參訪，甚至還踏入鮮有人可以參觀的航空生理訓練中心。看著海軍左營軍區故事館陳列中華民國海軍歷史文物，細數其發展沿革，無不使人對於海軍先烈們的壯志情懷肅然起敬；空軍航空教育展示館那些曾經翱翔天際、抵禦外侮的就是戰鬥機，腦海中編織著先賢先烈於台灣領空壯志凌雲的模樣，豪氣萬千。如同已故「空軍戰神」高志航司令所言：「身為空軍，怎能讓敵人飛機飛在我們頭上」，那樣豪氣萬丈、拋頭顱灑熱血的豪情，犧牲奉獻誓死保衛國家的決心，只有在大動盪時代，才能見真章；也唯有前人犧牲小我完成大我的無私精神，捍衛我國領土，才能佑我國家保有如此太平的盛世的基石，其留給世人的，是無限緬懷與追思。

非空軍軍種人員，可能終其一生都無法踏入航空生理訓練所一步，多虧此次課程的安排，能讓學員們一睹空軍健兒們在航空生理訓練上的環境。培育一名優秀的飛行員是相當不容易的一件事，多年來，空軍一直流傳一句名言，「要進空軍學飛行並不難，難的是順利飛出來」。一直以來我對此相當不以為然，然後透過航空生理訓練中心的一系列參訪內容看來，其所言不假。不管在彈射椅、減壓艙、離心機等訓練，航空飛官都必須保有優於常人的生理狀態，畢竟三維空間的飛行器機械操作，與平面車輛操作的要求相距甚遠，若以適航條件來比較，要說飛行員皆為人中之龍，也不為過。

兩週的暑期軍陣醫學訓練課程從一開始以為會枯燥乏味的認知，到開課後融入所有精采多元的課程中，到最後一天結訓時對於所有課程的細細回味，其心路歷程是充實且滿足的。軍醫與一般醫療最大的區別，就在軍陣醫學領域，期待此豐富且多元的課程能夠繼續延續，提供學弟妹一個探索軍陣醫療的康莊大道，壯大我國軍軍醫的行列。

友校學生回饋（一）

國防醫學院暑訓參訪心得

國立台灣大學醫學院醫學系五年級　陳偉竑

國防醫學院一年一度的暑期訓練就在五月底正式展開。感謝臺大急診劉越萍醫師的爭取，我們臺大的同學（我與同屆的楊子緯同學）也因此有幸參與最後的兩天行程，促成了校際間的交流。

第一天上午我們趕著七點的高鐵一路殺向高雄，轉乘高捷與計程車，總算在九點半前於國軍高雄總醫院岡山分院的禮堂和國防的同學們會合。

雖然我們屬於國防醫學院的體制外參訪，但見到大家都穿著迷彩服進來，對比於我們三位一身便服，心中扞格不入的感覺自始至終難以消除。

聽了一席朱信副院長的開場後，不禁對於飛官為國家默默付出以及不畏生死的情操肅然起敬。我姊姊的男朋友也正好是飛行員，但很少與他談及職業的領域，因此所知所見所聞與大眾並無二異。

身為一位飛官，簡單來說，就是把自己的生命與高空中的一架沒有任何支撐的機器聯繫在一起。那個環境下，需要良好的視力、能夠配合機器高加速運動的身體素質與協調到位的平衡感。因此，在上雲端前，人人都該接受相關的專業訓練，而航空生理訓練中心便應運而生。接下來的每一站都令我嘆為觀止！

第一站是一個模擬飛機艙，內部有建置臺灣各處的空照全景圖，飛行員必須用他的視覺、耳內的平衡覺與本體感覺去理解目前他所在的機艙是處於何種飛行狀態，是爬升？俯降？左傾？右斜？

第二站參觀的是機座的彈射模擬裝置，用於使飛行員習慣逃生時需克服的突然上升加速度（約 7G 以上才能安然脫離高速行駛中的飛機）。

第三站是夜視力訓練，這對於陸軍飛行員尤其重要，因為低空飛行容易受地表各建物與景物的干擾，如果沒有辦法在幾乎完全黑暗、只能靠些微弱的塔燈或月光的環境中進行正確的地貌判斷，可能就會導致飛行的危險。

第四站是動暈症的減敏椅，乘坐於其上以檢測是否有動暈症，並使身體習慣之達到減敏的效果。我自己曾有過暈車的經驗，因此有自願上去試坐一遍，心中惴惴不安，想說結束會不會吐到不能自己……還好最後沒有，雖然令在場觀望並滿心期待的同學們大失所望，但我個人倒是鬆了一口氣。在教官的解說中，最令我意外的是：動暈症的發生率竟高達三成！

而下一站與下下一站分別是高壓氧的治療室與低壓氧的訓練艙，目的在於讓飛行員們可以清楚瞭解：自己什麼時候缺氧了？每個人缺氧時的症狀都不盡相同，事先掌握才能及早檢查：氧氣供應的管路是否哪裡漏了氣？以及我該如何處理？

最後一站我們來到了 G 力離心機的面前，這是被飛行員戲稱為人體洗衣機的裝置，以圓周運動的方式製造加速度，訓練坐在模擬機艙中的飛行員，使之適應。因飛機的各式運動產生的加速度中最為危險方向的便是：Z 軸鉛直向下，因為它會造成腦部血流全部往腳底去，導致腦缺血而瞬間失去意識（命為G-LOC），釀成飛航事故，因此所有飛行員都須學會如何以正確的抗G動作去克服之。而這人體離心機最多可以加速到9G，挑戰成功的人都可以留名在這訓練室外的英雄榜！

下午我們來到了空軍航空教育展示館，陳列了臺灣空軍史上經典的各式飛機，或懸吊在天花板上、或停泊於地上。在觀看過介紹影片與導覽員的詳細解說後，我瞭解到每一架飛機背後的歷史。

從中華民國成立空軍以來，使用的飛機便不斷地演進至今，發展出許多的用途，有水上對潛機、地面轟炸機、空中戰鬥機、人員運輸機、作戰指揮機、長官專用客機、夜晚偵查機等等。

除了飛機本身以外，培育空軍人才也是臺灣國防不可或缺的部份，自編隊、成軍、與美合作與技術支援、反共作戰、空軍官校的成立，到目前國內能夠獨立開發飛機引擎、巡弋飛彈等等。雖然經歷過這麼長一段的奮鬥史，但中華民國空軍總算是建立起這完整而建全的體系了，並成為國安的強力支柱之一！

離開航空教育館後，我們移步到不遠處的廣場，參觀他們空軍一個月一次的閱兵儀式。以前我只能在教科書的書頁中，看著一排軍機的照片，憑空去感受我武維揚的氣氛，這一趟總算能用我自己的眼睛去見證了！看著長官立於車上，緩緩駛過列隊軍機與其站機員的面前，一個個敬禮。在場的每位飛行員那雄赳赳氣昂昂的身影，讓僅僅在旁觀的我也都不禁感到熱血沸騰了呢！

第二天上午，我們從前一晚下榻的高雄國軍英雄館出發至國軍高雄總醫院海軍分院參觀其全臺著名的潛水醫學部門。於四十年前，醫院成立了潛水醫學部並購置了一套完整的模擬潛水訓練艙，專門用於軍事方面潛水人員的訓練與治療。上方橫圓柱形的部份有著治療艙和轉移艙，而潛水員要進入下方的濕艙接受訓練。

隨著潛水醫學的研究與運用的推展。於二十年前，醫院又添購了二十人座高壓氧艙，可以治療除了潛水夫病以外的許多疾患，如：癌症的輔助治療等等，至今仍是全臺最具規模的治療艙。我們有進去那艙中體驗高壓氧的治療過程，很有趣！在加壓的時候，人體最直接的反應就是耳咽管那會有塞住感覺，這時候就要捏住口鼻，閉氣把耳膜往外撐以解除不適感，幾秒過去又會有堵住的感覺，因此又要再重複一次剛剛的動作使耳膜內外平衡壓力，反覆進行至加壓過程結束直到艙內達到目標的壓力。減壓的時候只要正常呼吸就可以了，反而被要求不能憋氣！

離開了海軍醫院，我們移動到了海軍左營軍區故事館，內部陳放了中華民國海軍的點點滴滴，不論是先進科技還是歷史人文方面。裡頭項目很多，其中印象最深刻的就是在大廳的展覽影片，以投影人物故事的方式，介紹以前中華民國海軍的一天，從一早軍官太太準備早餐送孩子上學，到出海巡查、中午休息，下午繼續執勤、晚上巡邏，偶爾還有軍官間的定期宴會等等交際活動。

同時間，在大廳還有一個海邊的大型地貌模型，配合著影片內劇情的推演而變化著，如：影片講到船隻要出入港的時候，模型上的船還真的會駛出與駛入呢！除了影片之外，館內二樓還有一個角落是擺設成當初海軍子弟學校的教室場景，標榜那些小巧可愛的課桌椅都是海軍軍官們當初坐過的文物，歡迎各位參觀者來試坐！

如此還原先人過去的視角，別有一番風味！

很高興也很榮幸有這個機會能跟著國防醫學院的同學們在這一天半的密集行程裡，參觀這些軍事相關或醫療相關的機構。我想，這趟旅行或許就是一生唯一的一次吧！（因為這些機構有些是禁止一般遊客進入進行拍照攝影的。另外，七年制的我，從明年開始就要進入不間斷的醫院臨床生涯了。）

感謝當初臺大急診醫學部盧愷儀助理有聯繫並通知我有這樣一個精彩的活動，也感謝國防醫學院陳穎信主任開放名額給外校的同學。在這過程中，除了知性上成長了許多以外，也結交了一些國防醫學院的朋友，相談甚歡！希望這跨校交流的火種能不就此熄滅，一屆一屆地，繼續傳遞下去！

友校學生回饋（一）

國防醫學院暑訓參訪心得

國立台灣大學醫學院醫學系五年級　楊子緯

因緣際會下，我和同學有機會和國防醫學院的學生們一同參加暑訓行動，體驗了穿著便服走進軍營的奇妙體驗。

第一天上午參訪了高雄總醫院岡山分院，岡山分院與空軍基地相距不遠，岡山分院也以其航空生理訓練中心為特色。

朱信副院長的開場介紹讓我們了解空難的可怕及其無常，以及航空生理訓練的重要後，我們跟隨著長官體驗了六個特殊訓練。在高空環境下人體必須面對低壓缺氧、極端的重力加速度、暈眩、空間迷向、夜間低能見度等等挑戰，為了篩選合格的飛行員以及作為訓練，因此特別成立訓練中心。

透過模擬機器讓飛行員能夠熟悉各種狀況並即時作出正確反應，避免人員及飛行器的傷害，其中印象最深刻的是人體離心機。看到許多飛行特技表演只覺得很酷炫，參訪後才知道在這些光鮮亮麗的特技下，飛行員的生理承受多大的壓力。

觀看受測者實際體驗的影片時，看到人在9G的環境下若沒有正確的抗壓動作會陷入G昏迷。當事人在短短昏迷的過程會彷彿歷經夢境，然而實際戰場上這一夢可能就永遠醒不來了，所以 G 耐力訓練確有其必要。

下午來到了空軍官校，在航空教育館中看到了許多飛機、直升機、武器設備，聽聞了許多英勇的抗戰事蹟不由得跟著慷慨激昂，感謝他們的犧牲奉獻、救贖了無數的生命。

下午很幸運地剛好遇到閱兵儀式，看著昂首闊步不畏烈日的官校學生，打從心底產生敬畏的心情，這種高度自律團結的精神實屬難能可貴。

第二天我們參訪了高雄總醫院左營分院，左營分院地理位置接近海軍基地，也因此以發展海軍醫學為重點。我們在左營分院參訪了潛水醫學部及高壓氧治療中心，見證了潛水醫學部的歷史演進。從目前作為軍事訓練用的第一代法國進口設備，到臨床使用的新型高壓氧設備，以及未來會購置的新機型，隨著對潛水生理的認識逐漸透徹，我們就能夠越真實地模擬潛水環境、減少潛水意外的發生、也能夠及時有效地治療潛水病人。

實際體驗了高壓空氣的環境，雖然只是相當於十米深的海水，但是已經明顯感受到耳朵的不舒服感，很難想像潛水員在 180 呎深甚至更深層的海水中的感受及壓力，還要在如此極端的環境下達成任務，任務前確實的訓練實在非常重要。

第二天回程前最後的行程參觀了海軍故事館，影片播放著當時空軍及眷屬的生活，讓我們更瞭解當時的時空背景。夜晚當大家安穩入眠時，海軍仍不懈地守衛海上安全，他們也不能時常陪著妻小而必須堅守自己的崗位，現在遙遠的離島也都是由海軍駐紮堅守，不得不敬佩他們的奉獻。

在二樓我們看到了海軍學校和眷村生活，精心設計的佈置讓人彷佛走入了另一個時空背景之中。雖然這次沒辦法參觀預訂計畫的海軍艦艇及阿帕契直升機，但是行程已經非常豐富且充實！

這兩天一夜的活動中，我也有機會更認識國防醫學院的學生，與他們談話的過程中發現他們的單純、認真。

雖然早上四點半就必須起床準備啟程，但是在參訪過程中每個同學都沒有絲毫懈怠、全神貫注地聽著講解，我覺得特別驚訝的是同學都非常自律，在講堂、導覽過程中不會隨意聊天喧鬧。

另外輔導長和學生之間的互動也如非常緊密，輔導長會主動地關心不舒服的同學，同學們遇到問題也會找輔導長討論，我很喜歡這種互信關係。

非常感謝國防醫學院提供本次難得的參訪機會，讓我們這些外校學生能夠近距離接觸軍事醫學的獨特性與專業性。軍事醫學迥異於一般醫療環境會接觸到的疾病型態，這次的航空生理、潛水醫學對於我們來說都是非常新鮮的主題。軍事行動特殊的環境下人體有許多令人讚嘆的生理反應，更讓人眼睛為之一亮的是透過訓練我們有機會克服惡劣的環境。

另外也要非常感謝促成參訪活動並且對我們一直照顧有加的陳穎信主任及其助理王皖龍先生，在打點行程的各種事物之餘也不忘和我們介紹軍醫院、努力使我們融入群體。最後也要感謝劉越萍醫師替我們爭取到參訪機會，一路上也陪著我們聊了好多，希望未來這樣有趣的活動能夠延續，如果未來還有機會開放外校學生參加，我肯定會鼓勵學弟妹報名。

結語 M85 陳穎信

結語

M85 陳穎信醫師
國防醫學院醫學系課程委員會軍陣醫學組組長
軍陣醫學實習課程負責教師

「博愛忠真」是國防醫學院的校風，這所軍醫的搖籃為培育優良的現代化軍醫，具備博學、愛心、忠誠、真實的人格特質，期待所培育的軍醫能真正為國所用，照護全國軍民同胞健康。

這所國內唯一的軍事醫學院校，長期致力於軍陣醫學的教育訓練與研究發展，目標在於教育訓練的落實與紮根。在改良軍陣醫學教育的策略上，更在組織架構與硬軟體上積極卓越創新。

國防醫學院一直扮演推動軍陣醫學的教育訓練功能，民國九十九年成立「戰傷暨災難急救訓練中心」，無論在各式急救訓練、災難醫學與技能訓練、戰術醫療、野外醫學、高山災難醫療救援、開放水域潛水課程、核生化防護、航空生理與醫學、潛水醫學與模擬醫學等，都積極發展，以培育軍陣醫學種子、弘揚軍陣醫學特色為任務。

值得一提的是，為精益求精，強化軍陣醫學特色教學，民國一〇四年醫學系課程委員會成立「軍陣醫學組」，以創新卓越規劃軍陣醫學課程為目標，是本次課程的催生者與執行計畫單位。

為了因應未來在戰爭、災難與緊急救護等全方位需求，民國一〇四年以往暑期的「軍陣暨災難急救訓練課程」是必修零學分，也是暑期大學部三年級升四年級與護研所碩一升碩二的重頭戲。

民國一〇四年國防醫學院通過教育部教學卓越計畫，當中發展災難特色教學為其中一個亮點計畫。經過醫學系課程委員會軍陣醫學組的編組討論，將以往的課程更名為「軍陣醫學實習」，並經國防部核定為必修課一學分，這條路已經走了許多年，終於落實在軍陣醫學的教育訓練中。

在國防部軍醫局與國防醫學院院部長官的指導及在教學卓越計畫理念下，一〇五年的「軍陣醫學實習」課程共計兩週十天的課程，時程自民國一〇五年五月二十三日至六月三日。計有大學部醫學系、牙醫學系、護理學系與護理研究所碩士班一百五十六位學生參訓。

課程內容包含高級救命術、災難醫學、災難搜救技能、戰術醫療、野外醫學、創傷處置、輻傷防治與生物防護、航空生理與醫學及海底醫學等九大領域。

「軍陣醫學實習」主軸是以實際操作課為設計理念，在課程安排上以上午四堂課講授軍陣醫學之重要知識資訊；下午四堂課則以工作坊實際分組演練，強調情境模擬，實際操作，增加練習、師生互動、引起興趣為原則。

並且規劃軍陣醫學中航太與海底醫學實際參訪課程，增加實務經驗，課程最後兩天實際參訪軍陣醫學中最引人入勝的航太與海底醫學設施。第九天到高雄總醫院岡山分院「航空生理訓練中心」體驗學習，與空軍軍官學校「航空教育展示館」參訪。第十天到高雄總醫院左營分院「潛水醫學部高壓氧中心」體驗高壓氧艙與潛水訓練設施，實際將國軍空軍與海軍實務面貌完整傳授給所有參訓學生。

軍陣醫學實習在課程評價中，無論在課程安排、學習成果、學生與師長回饋、他校分享、滿意度與後續效應中都深獲正面肯定。軍陣醫學不再只是理論上的傳授，更進階到可以實際操作的層級。

透過此次的課程中，經由實際操作與情境模擬的方式引起很大迴響，未來我們應該持續精進課程，精益求精、追求卓越，將軍陣醫學的精神融入在每一個醫學生身上，這樣才是「軍陣醫學實習」最大效益。

回想編輯這本「迷彩軍醫—軍陣醫學實習日誌」的心路歷程，真是趟驚奇之旅。

猶記得今年五月初開課前夕，司徒惠康校長耳提面命期許課程一定要留下記錄，編寫一本像去年國際志工團出版的成果報告。這樣的編書任務與理念驅策下，我在六月放暑假前召集了一群可愛熱情的醫四、護四的學生，分工合作，撰寫各章。回想我們這群編輯委員在一連串編輯會議之辛酸苦辣，由剛開始的編書凝聚共識，到最後決定這本書以寫劇本的角度，人物以第三人稱的方式來撰寫。這樣的日誌才能更吸引人、具有獨創性佐以活潑且詼諧的語調，加入專業醫學內容，堪稱「軍事醫學」的文學代表著作。或許這樣的文章未來能夠有機會拍成電視劇、微電影等。

入秋了，十一月初蕭瑟的東北風吹走多次校稿苦悶，這五個多月來的編書過程從無到有，我們國防醫學院的學生用他們的青春筆調，真實地記錄下學習歷程，雖然排版校稿工作繁瑣，但隨著這本書的誕生，都不足為道。

一〇五年十一月二十四日國防醫學院院慶即將來到，期待這本書的發表將帶動本校軍陣醫學的發展，也在校史上烙下印記。個人有幸擔任「軍陣醫學實習」總教官與「迷彩軍醫—軍陣醫學實習日誌」總編輯這兩項任務，隨著這本書的印行，總算達成了今年立下的心願—集體創作、團隊合作、群策群力、忠實記錄，實現「把不可能變成可能，是智慧亦是堅持！」或許受限篇幅，尚有遺珠之憾，未來願有機會再加入課程其他單元內容。

祝福我們的母校—國防醫學院源遠流長、展翅高飛、卓越頂尖！

致謝

1. 感謝國防醫學院校長、副校長、教育長、教務處長、醫學系主任、牙醫學系主任、護理學系主任之指導與所有授課老師的細心教導，使得軍陣醫學實習課程圓滿成功。
2. 感謝教育部教學卓越計畫經費補助，使本次軍陣醫學實習課程內容豐富多元。
3. 感謝所有編輯委員對編輯出版之熱情付出心力，同時也特別感謝曾念生醫師與賀信恩同學美編插畫之提供，使本書順利付梓出版。
4. 感謝國防醫學院醫學系課程委員會軍陣醫學組教師群的課程規劃與授課，使軍陣醫學實習課程順利通過審查成為部定一學分必修課，有效提升本校軍陣醫學特色教學成果。
5. 感謝國防醫學院護理學系李佳錡老師積極熱心協調編輯委員，負責出版校對任務，使本書順利付梓。
6. 感謝國防醫學院教務處許秀珠助教於課程與出版之行政事務協助，熱心公務，使出版事宜順利完成。
7. 感謝國防醫學院預防醫學研究所謝博軒所長對於本次課程中「生物防護」師資與教具之大力支持，特別支援十三位預醫所老師前來授課，使課程增色加分、收穫良多。
8. 感謝國軍高雄總醫院岡山分院與左營分院對於航空與海底醫學參訪活動之行政協助、場地提供與師資授課，俾使學生收穫良多。
9. 感謝空軍軍官學校提供航空教育展示館與校園活動，熱心解說使空軍巡禮活動圓滿成功。
10. 感謝左營軍區故事館之場地提供與工作人員之解說，使海軍巡禮活動順利成功。
11. 感謝康那香企業股份有限公司協助印製，以利書籍再版。
12. 感謝財團法人國防醫學院校友文教基金會協助印製，以利書籍再版。

國家圖書館出版品預行編目(CIP)資料

迷彩軍醫：軍陣醫學實習日誌/陳穎信等作－初版
－臺北市：國防醫學院.　2018.05
面；　公分
ISBN 978-986-05-5289-8（平裝）
1.軍事醫學　2.教學實習
594.9　　107001621

迷彩軍醫

—軍陣醫學實習日誌—

總　　纂	林石化
作　　者	陳穎信\高肇亨\賀信恩\王仲邦\吳沛儀\李品嫻\劉于瑄\許景翔\粟健綸\賴政宏\呂文中\蔡文國\郭蘋萱\李世婷\于欣伶\朱　信\王仁君\李佳錡\鄭博軒\陳冠戎\陳偉紘\楊子緯
美研插圖	曾念生\賀信恩
書名題字	黃鴻翹
總編輯	陳穎信
執行編輯	高肇亨\許景翔\粟健綸
校　　對	李佳錡\許秀珠\吳沛儀
發行人	楊榮川
總經理	楊士清
副總編	蘇美嬌
出版者	五南圖書出版股份有限公司
公司地址	105臺北市大安區和平東路二段399號4樓
公司電話	886-2-2705-5066
公司傳真	886-2-2706-6100
網　　頁	https://www.wunan.com.tw
電子郵件	wunan@wunan.com.tw
劃撥帳號	01068953
戶　　名	五南圖書出版股份有限公司

台中市駐區辦公室/台中市中區中山路6號
電　話　(04)2223-0891　傳　真　(04)2223-3549
高雄市駐區辦公室/高雄市新興區中山一路290號
電　話　(07)2358-702　傳　真　(07)2350-236

法律顧問	林勝安律師事務所　林勝安律師
出版日期	2018年7月初版
定　　價	新臺幣 230 元 (平裝)
GPN	1010700908
ISBN	978-986-05-5289-8